科学软件的智能识别与影响力测度研究

潘雪莲 著

科学出版社
北京

内 容 简 介

科学软件在现代科学研究中发挥着重要作用,但其学术价值一直被低估甚至被忽略。本书是研究科学软件工具的一部学术专著,在阐明科学软件的内涵和研究现状的基础上,对科技文献全文本数据中的科学软件实体进行智能识别,并对科学软件的学术影响力以及我国科研人员的软件开发贡献进行研究。本书有助于加深对科学软件学术价值的了解和认识,为科研管理部门将科学软件纳入科研评价体系以及科学资助机构增加科学软件研发投入提供重要的决策依据。

本书可供科学计量学、信息计量学、科技评价、信息资源管理等相关领域的研究者阅读;也可作为政府部门、出版机构以及图书馆等相关机构从业人员的参考资料。

图书在版编目(CIP)数据

科学软件的智能识别与影响力测度研究/潘雪莲著. —北京:科学出版社,2024.3

ISBN 978-7-03-077626-6

Ⅰ.①科⋯ Ⅱ.①潘⋯ Ⅲ.①科学研究–应用软件–研究 Ⅳ.①G3-39

中国国家版本馆 CIP 数据核字(2024)第 018634 号

责任编辑:刘 超 / 责任校对:樊雅琼
责任印制:赵 博 / 封面设计:无极书装

科学出版社 出版
北京东黄城根北街 16 号
邮政编码:100717
http://www.sciencep.com

中煤(北京)印务有限公司印刷
科学出版社发行 各地新华书店经销

*

2024 年 3 月第 一 版　开本:720×1000　1/16
2024 年 11 月第二次印刷　印张:11
字数:215 000
定价:110.00 元
(如有印装质量问题,我社负责调换)

前　　言

科学软件在现代科学研究中发挥着重要作用，用于科学研究的诸多方面，但其学术价值一直被低估甚至被忽略。事实上，一方面，很多科研人员需要自己开发科学软件来解决或帮助解决本领域的研究问题，他们中的一些人将自己的科学软件共享出来供他人免费使用，提高了整体的科研效率；另一方面，这些免费科学软件只有在科研人员愿意花费时间精力维护和更新的条件下才能持续可用，否则将面临淘汰、消亡。然而，在目前主要由出版物驱动的科研评价体系中，软件往往被认为是科学研究的副产品，而不是体现科学家价值的研究成果，以致科学家没有动力开发、维护和共享科学软件，这将造成科学软件的重复开发和科研资源的浪费。

近年来，随着数据密集型科学研究范式的兴起和数据价值认可度的提高，一些学者开始呼吁重视软件的价值，因为几乎所有的数据都需要软件进行某种形式的处理。国外一些科研资助和管理机构开始将软件认定为科学家的有效研究成果，并通过资助科学软件可持续性研究所等专门组织机构的成立和运行、相关主题会议的召开以及专项活动的开展等，激励科学家开发和维护科学软件，以提高科学软件的可持续性。然而，目前我国大部分科研管理部门尚未将软件认定为有效研究成果，科研资助机构也很少资助软件研发项目。与此同时，2020年以来，以MATLAB、EDA、IDA Pro等软件限供事件为代表的对华软件制裁动作层出不穷——科学研究存在被国外软件"卡脖子"的风险。

本书在上述背景下产生。笔者于近十年中，对科学软件的使用、引用、智能识别和影响力测度进行了不懈的探索，先后发表了十余篇中英文论文，完成了一篇博士学位论文和一项国家自然科学基金项目，并搭建了一个科学软件资源导航系统（http://www.researchsoftwareresources.net/index.php/quote）。笔者近十年的相关研究精华，皆在本书中。

全书共八章，分为四个部分。第一部分是基础性研究，包括第1章和第2章。此部分对科学软件的概念进行界定，探讨科学软件生态系统，论述科学软件智能识别与影响力测度的研究意义，回顾科学软件实体识别、科学软件对科学研究的影响以及科学软件可持续性研究现状与实践进展。第二部分是科学软件的智能识别研究，包括第3章和第4章。其中第3章提出并实现一种基于自扩展的软件实体自动识别算法；第 4 章提出并实现一种基于深度学习的软件实体智能识别算法。第三部分是科学软件的影响力测度研究，包括第 5 章、第 6 章和第 7 章。其中第 5 章从科学论文中的软件提及、使用和引用视角测度软件的学术影响力；第 6 章提出软件扩散指标并据此从知识扩散视角探究科学软件的扩散特征和影响；第 7 章基于问卷调查方法探究中国科研人员对科学软件的依赖程度及其引用软件实践现状。第四部分是中国科研人员的软件开发贡献研究，即第 8 章。该部分既包括我国科研人员参与科学软件开发的现状调查研究，也包括基于大规模软件存储数据库开展的我国对世界软件研发的贡献研究。

  本书得到了国家自然科学基金青年项目"基于全文本数据的软件实体抽取与学术影响力研究"（编号：71704077）的资助，特此致谢。此外，先后有多位学者和师生参与了本书的相关研究工作，他们是华薇娜、Erjia Yan、钱雨菲、崔明、于晓彤、缪秀雯、王倩倩、王宪雨等，特致谢意。同时，在问卷调查、数据收集与处理过程中得到诸多专家和科研人员的支持和帮助，在此一并表示感谢。

  纵观全书，科学软件在科学研究工作中发挥着重要作用。多角度揭示科学软件的影响力是本书的目的，但不是本书全部的目标，通过科学软件影响力测度研究探寻适合中国的科学软件可持续发展道路才是本书的立著之义。限于时间和水平，本书难免有不足之处，只盼对读者有所启发。

作　者
2023 年 10 月

目　　录

前言
第1章　绪论 ·· 1
　1.1　科学软件的相关背景 ·· 1
　1.2　本书解决的关键问题 ·· 5
　1.3　研究意义 ·· 6
　参考文献 ·· 7
第2章　科学软件的研究现状 ·· 10
　2.1　科学软件实体识别研究现状 ··· 10
　2.2　科学软件对科学研究的影响研究现状 ································· 13
　2.3　科学软件可持续性研究与实践进展综述 ······························ 16
　参考文献 ·· 22
第3章　基于自扩展的软件实体智能识别研究 ································· 27
　3.1　研究动机与研究设计 ·· 27
　3.2　数据与方法 ·· 30
　3.3　实验 ··· 36
　3.4　结论与未来展望 ·· 42
　3.5　本章小结 ·· 43
　参考文献 ·· 43
第4章　基于深度学习的软件实体智能识别研究 ······························ 45
　4.1　研究动机与研究设计 ·· 45
　4.2　数据来源与处理 ·· 54
　4.3　实验与结果分析 ·· 56
　4.4　本章小结 ·· 61
　参考文献 ·· 62
第5章　基于科学论文全文本数据的软件影响力研究 ························ 64
　5.1　我国图书情报领域的软件使用与引用研究 ·························· 64
　5.2　国际图书情报领域的软件使用与引用研究 ·························· 74
　5.3　软件使用与引用的学科差异研究 ······································· 88

5.4　本章小结 ·· 102
　　参考文献 ··· 103
第 6 章　基于科学软件实体视角的软件影响力研究 ················· 108
　　6.1　知识图谱软件的使用、引用与扩散研究 ···················· 108
　　6.2　开源软件的使用与引用研究 ······························ 125
　　6.3　本章小结 ·· 132
　　参考文献 ··· 133
第 7 章　中国科研人员的科学软件使用和引用行为研究 ············· 137
　　7.1　研究动机 ·· 137
　　7.2　研究方法 ·· 138
　　7.3　研究结果 ·· 140
　　7.4　结果讨论 ·· 148
　　7.5　结论与展望 ·· 149
　　7.6　本章小结 ·· 151
　　参考文献 ··· 151
第 8 章　中国科研人员的科学软件开发贡献研究 ··················· 153
　　8.1　研究问题 ·· 153
　　8.2　数据与方法 ·· 154
　　8.3　研究结果 ·· 156
　　8.4　讨论与结论 ·· 162
　　8.5　本章小结 ·· 163
　　参考文献 ··· 164
附表 ··· 166
后记 ··· 169

第 1 章 绪 论

科学领域有用出版物来评估科研人员、机构和地区科研生产力和影响力的传统[1-2]。出版物构成了学术交流的基础并塑造了科学中的认识论文化[3-4]。科学家对出版物的追捧已经导致出版物数量的快速增长,也导致学术界出现了所谓的"不发表即灭亡"的现象[5-6]。长久以来,各国的科研评价体系一直将出版物视为最重要的研究成果,而往往将软件、数据等数字成果视为科学研究的副产品[7]。随着大数据时代的到来和数据密集型科学研究范式的兴起,数据的价值得到越来越多人的认可。科学数据已经获得学术界和工业界的广泛关注,研究者和实践者已经对科学数据的出版、共享、引用和再利用等诸多方面进行了深入研究。一方面,虽然"几乎所有的数据都需要用软件进行某种形式的处理"[8],但是软件,特别是科学软件的价值,尚未如数据一般获得广泛认可。另一方面,很多科学家需要开发科学软件来解决或帮助解决本领域的研究问题,他们中的一些人将软件共享出来供他人免费使用。学术界对科学软件价值的低估可能会导致科学家不再与他人共享软件,这将造成软件的重复开发和科研资源的浪费,不利于资源的优化配置。

1.1 科学软件的相关背景

1.1.1 科学软件的概念界定

各词典、百科对软件的定义大致相同,如《剑桥词典》将软件定义为"控制计算机行为的指令或电脑程序",《数学辞海》将软件定义为"计算机系统中规定并直接指挥计算机系统工作的程序及其文档的统称",维基百科将软件定义为"一套计算机程序和相关的文档和数据"。然而,目前学术界对科学软件尚无统一的定义。Huang 等[9]将科学软件(scientific software)广义地定义为用于支持科学研究的各种软件。Kanewala 和 Bieman[10]将科学软件广泛定义为用于科学目的的软件。Kelly 和 Sanders[11]认为科学软件是具有大量计算组件并提供决策支持数据的软件。杨波等[12]认为科学软件是用来进行算法实现、海量数据管理和分析的一类软件，是科学家用来发现问题、理解问题和寻找解决方案的重要工具。Sletholt 等[13]则将科学软件定义为由科学家为科学家开发的软件。Kelly[14]认为科学软件由如下三个特征定义：①为回答科学问题而开发；②依赖于其科学领域专家的密切参与；③提供了由回答该问题的人检查的数据。Kelly[14]还从科学软件定义中排除了以下软件类型：①主要功能涉及与其他软件和硬件交互的控制软件；②可以提供科学计算的输入和报告的用户界面软件；③科学家可以用来支持开发和执行其软件但本身并不能回答科学问题的任何通用工具。Hannay 等[15]认为科学软件的目的通常是帮助理解新问题，科学软件开发与其他软件开发的根本区别在于，科学软件的开发通常需要一定的科学领域知识。Kelly 等[16]确定了两种类型的科学软件：一类是为实现科学目标而编写的最终用户应用软件；另一类是支持编写表达科学模型的代码和执行科学代码的工具。

值得注意的是，一些文献使用另外一个术语"研究软件"（research software）来表达相似概念。Gomez-Diaz 和 Recio[17]认为研究软件是科学软件的一个特殊但基本的子集，是指研究人员在公共机构或公共资助项目中进行科学研究的过程中开发和使用的软件。Hettrick[18]认为研究软件是在学术界开发并用于研究目的（生成、处理和分析结果）的软件，这包括广泛的软件，从具有重要用户基础的高度开发的软件包到研究人员编写的供自己使用的简短程序。美国国家航空航天局（NASA）报告将研究软件定义为研究人员开发的用于辅助他们科学研究的软件[19]。Soito 和 Hwang[20]认为研究软件专指那些有助于汇编、转换、分析或建模的工具，而不包括那些仅仅促进信息交流和表示的工具。Eisty 等[21]将科研人员开发的软件（库、工具和应用程序）称为研究软件。Gomez-Diaz 和 Recio 认为研究软件是由研究团队编写的一组明确的代码，它是已构建并用于产生在某些文章或科学贡献中发表或传播的结果的软件[17]。此外，还有一些文献使用学术软件（academic software）、科研软件（scientific research software）来表达相似概念。例如，陈新兰和顾立平[22]认为学术软件是为学术研究和科研人员服务的科研工具。姚伟欣和顾立平[23]认为科研软件和学术软件是同义概念，是指用于科研目的的计算机软件。

虽然已有学者[17]认为科学软件与研究软件有所不同，但本书将科学软件（scientific software）、研究软件（research software）、学术软件（academic software）、科研软件（scientific research software）视为同义概念，并在后续章节中统一使用科学软件这一术语。上述定义有的要求支持科学研究，有的要求由科研人员/科学家开发，还有的要求这二者兼而有之。本书根据研究需要并借鉴上述相关定义，在不同章节对科学软件的概念作出了不同的界定。为了能更好地与国外相关调查结果进行比较，笔者在"中国科研人员的科学软件使用和引用行为研究"章节中将科学软件定义为被用来生成、处理或分析科学研究结果的软件工具,不包括诸如文字处理软件、搜索引擎、文献管理工具这些用于信息呈现、检索与管理等的相关软件工具。此外,为了便于统计,笔者将"中国科研人员的科学软件开发贡献研究"章节中的科学软件定义为科研人员开发的软件,而将其他章节中的科学软件定义为科研人员在研究过程中使用的软件。

依据不同的标准,可以将科学软件分为不同的类型。首先,按照是否可被访问可将科学软件分为可访问科学软件和不可访问科学软件。其次,按照是否需要付费访问可将科学软件分为需要付费的商业科学软件和无需付费即可获得的非商业科学软件(后文也称其为免费科学软件),其中非商业科学软件又可细分为开源科学软件和非开源免费科学软件。此外,本书还参考 Schindler 等的软件分类法[24]将科学软件分为应用程序(application)、插件(plugin)、操作系统(operating system)、编程环境(programming environment)四类。其中,应用程序是指针对使用者的某种特殊应用目的所撰写的程序,这些程序可以作为独立软件运行,如 Stata、SPSS 等。插件是一种遵循一定规范的应用程序接口编写出来的程序,通过和应用程序的互动来替应用程序增加一些所需要的特定功能,不能脱离指定的平台单独运行。操作系统是一组主管并控制计算机操作、运用和运行硬件、软件资源和提供公共服务来组织用户交互的相互关联的系统软件程序。编程环境是用于编写和执行程序代码的集成环境,通常会根据不同的编程语言和开发任务进行定制。

1.1.2 科学软件生态系统

尽管商业科学软件的使用对科学研究很重要,但是科学家、软件开发人员和学生自己开发的大量免费科学软件在当今的学术环境中也得到了非常广泛的应用,在推动科学发展中起着不可忽略的重要作用。崔明等[25]对中国图书馆学、情报学领域常用的 118 种科学软件进行分析发现,56.78% 的软件为非商业软件。钱雨菲对从 PLoS One 期刊上刊载的两万篇论文中识别出的 28 个被高频使用的科学软件进行分析发现,其中 13 个(46.43%)为商业软件,15 个(53.57%)为非商业软件,而在 15 个免费科学软件中,有 11 个科学软件受到了政府或组织机构的资助。2014 年的一项对英国罗素大学集团 15 所成员院校科研人员的调查显示,56% 的科研人员开发过他们自己的科学软件[26]。另外一项对普林斯顿大学 114 名研究人员的调查发现,研究人员平均花费 35% 的工作时间在软件研发上。与专著、研究论文不同的是,科学软件发布后仍需开发人员不断对其进行维护、更新、升级才能保证其持续可用。然而,在目前主要由出版物驱动的科研评价体系中，科研人员为开发和维护免费科学软件所付出的劳动往往难以像发表学术论文那样获得相应的学术声誉回报。已有调查显示，获得学术声誉是科研人员开发和共享软件的一个重要外在动机[27]。当科研人员对免费科学软件的付出和其从中获得的回报持续失衡时，一方面可能导致越来越多的科研人员致力于发表论文而不是研发软件，另一方面还可能导致科研人员更倾向于独占软件而不是与他人共享。

在此背景下，一些学者开始呼吁完善对免费科学软件开发和维护的激励机制[28]，还有一些学者开始对科学软件生态系统中的不同角色及其信息需求进行探究以加深人们对科学软件生态系统的理解[17,29]。例如，Howison 等[29]运用访谈和参与观察法来分析科学软件生态系统中不同角色的信息需求。他们认为科学软件生态系统中有如下四个角色：①科学软件终端用户，即科学家，他们使用科学软件进行专业科学研究；②科学软件生产者，他们生产并发布科学软件以便其他人可以使用；③科学软件分发和执行经理，他们管理科学软件安装；④生态系统管理员，他们关注科学软件生态系统的整体运作，包括资深科学家和科学政策制定者，如资助机构及其人员。此外，他们还提出了一个科学软件过程模型框架（图 1-1）：首先，资源被投入到科学软件的生产；然后，终端用户科学家使用科学软件进行科学研究，从而产生科学影响；最后，科学软件产生的影响力被用来证明资源分配的合理性。从图 1-1 可以看出，准确测度科学软件所产生的科学影响是科学软件生态系统健康运行和持续发展的重要保障，这是因为资助机构需要用科学软件所产生的影响力来证明其对科学软件生产投入的合理性以及决定投入科学软件生产的新资源额度，而资源的投入程度会直接影响到科学软件的产出数量和质量，进而影响终端用户的使用。此外，测度出科学软件的科学影响力不仅可以加深人们对软件价值的认识和了解，为有关部门将软件纳入科研评价体系提供决策依据，还可以帮助科学软件开发者更好地证明其科学贡献，为开发者获得晋升机会和科研资助提供数据支撑。然而，目前尚不清楚科研人员是如何使用科学软件的，也不清楚科学软件有着怎样的科学影响力，更不清楚如何测度科学软件的科学影响力。

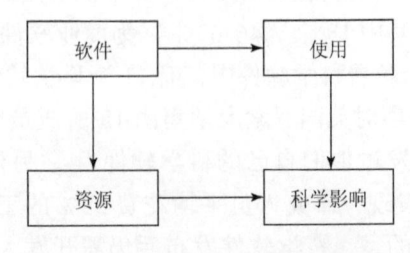

图 1-1　科学软件过程模型框架

1.2 本书解决的关键问题

在信息技术迅猛发展的今天，软件被广泛用于数据存储、整合、分析、处理、呈现等各个方面，在提高科研效率方面的重要性日益凸显。虽然学者们在软件对科学研究有用这一点上已有共识，但是软件长久以来一直被认为是支撑科学研究的"服务"，而不是体现科学家价值的正式研究成果[29]。目前存在如下这样一种紧张关系：一方面，科学家花了很多时间和精力在科学软件开发上，他们将自己的科学软件共享出来，这些科学软件在学术界获得了广泛使用，他们希望自己的科学软件开发和共享行为能够获得肯定[27,30]；另一方面，在目前由出版物驱动的科研评价体系中，科学家的影响力主要通过其发表的文献来衡量而不是其开发和维护的科学软件来测度，换言之，科学家往往不能通过开发和维护科学软件来获得学术声誉和晋升机会[28,31]。这导致科学家有动力写好论文，却没有动力开发好软件[31]。近年来国内外学者开始关注科学家的科学软件开发贡献和从中所获回报之间的失衡问题以及由此带来的科研资源浪费等一系列问题[27,32-33]。与此同时，一些国外科学资助机构和科研评价系统开始将软件认定为科学家的有效研究成果[34-35]，以激励科学家参与开发和共享科学软件。随之而来的问题是如何量化评价科学软件的影响力。然而，学术界，特别是国内学术界，对科学软件学术价值的理解仍有待深入，对科学软件的影响力评价研究也有待推进。此外，在我国大部分科研管理部门尚未将软件认定为有效研究成果、大部分科学资助机构很少资助软件研发项目的今天，我国被限制使用一些国外软件，对科学研究产生了一定影响[36]。自 2020 年哈尔滨工业大学和哈尔滨工程大学等多所中国高等院校被禁止使用美国的科学计算软件 MATLAB 开始，以 Adobe、EDA 以及 IDA pro 等软件限供事件为代表的软件制裁动作层出不穷，给我国的科技研发和经济发展带来了巨大的负面影响。

因此，本书聚焦于科学软件影响力评价问题，重点关注从全文本数据视角测度软件的学术影响力，拟解决的关键问题主要涉及如下几个方面：①科学软件对科学研究的影响研究现状如何？②如何快速高效地从学术论文全文本数据中自动识别出科学软件实体？③如何基于科学论文全文本数据测度软件的影响力？④如何从知识扩散角度测度软件的影响力？⑤图书情报学研究对软件的依赖程度是怎样的？图情领域的软件引用现状如何？⑥科学软件的使用和引用是否存在学科差异？如果存在，是怎样的差异？⑦我国科研人员是如何使用和引用科学软件的？科研人员不引用科学软件的原因是什么？⑧我国科研人员参与科学软件开发情况如何？我国对世界科学软件产出的贡献情况如何？

1.3 研究意义

（1）从软件使用视角量化科学软件的影响力，有助于科研资助机构和科研人员更好地认识并理解科学软件的学术价值及其开发者的科学贡献，为有关部门将科学软件纳入科研评价体系提供重要的决策依据，有助于建立一个更为透明、开放、包容的科研评价体系。量化的科学软件影响力不仅帮助开发者获得晋升机会和科研资助，还可以为用户选择和资助机构配置资源提供决策依据。软件用户总数是最合乎逻辑的科学软件影响力评价指标，然而该数据很难获得。这是因为用户可能从不同渠道下载同一软件，且用户即使下载了软件也未必使用。还有一些可能的评价指标，如下载次数、注册人数、邮件列表订阅人数、用户评论数等，也都存在指标数据获取困难的问题。此外，也有学者提出用被引次数来评价软件的影响力，因为被引次数被广泛用于测度出版物的学术影响力。然而，笔者的前期研究发现，软件引用缺失严重且普遍存在。在此背景下，本研究一方面致力于设计高效的软件实体自动识别算法以从多学科大规模科学论文全文数据中的软件使用角度量化科学软件的影响力；另一方面运用问卷调查法对中国科研人员的软件使用行为进行调查以更深入地揭示科学软件对科学研究的影响作用。这对深入认识科学软件的学术价值、促进科学软件可持续发展以及促进学术生态体系均衡发展具有重要意义。

（2）构建高效的软件实体自动识别算法，从知识流动和扩散视角探究科学软件对科学研究的价值，丰富和拓展信息计量学的研究对象、方法和应用。软件实体在科技论文中的分布非常稀疏且形式多样，现有命名实体识别系统难以从多学科科技论文中高效识别出软件实体。本书设计出基于自扩展和基于深度学习的软件实体自动识别算法，实验结果表明这两种算法可以更为准确、高效地从科技论文全文本数据中自动识别出软件实体及其相关属性特征。一方面，上述算法使得从多学科大规模科技论文全文数据中识别出大量科学软件实体成为可能，大量科学软件实体的使用数据可以为科学研究中的软件选择提供参考；另一方面，上述算法可以为其他知识实体（如数据、方法等）的识别和计量提供方法支持。此外，本研究将科学软件视作知识实体，借鉴传统引文分析相关理论和方法构建软件扩散测度指标，据此探索科学软件传播扩散模式，使文献信息计量分析从文献单元深入到知识单元，为后续细粒度信息计量学研究奠定基础，也为科研评价与创新激励提供一个新的维度。

（3）揭示科研人员的软件引用实践现状，探究软件引用缺失的影响因素，分析我国科研人员的软件开发贡献，一方面可以为推进软件引用实践规范化政策的制定提供依据，另一方面可以帮助我们更为深刻地认识我国科学软件研发竞争力以及被国外软件"卡脖子"的风险，为我国政府部门加大软件研发投入提供决策参考。本书不仅对多学科科技论文中的软件引用情况进行分析，还通过问卷对科研人员的软件引用行为及其影响因素进行调查，有助于推进软件引用的规范化，而规范化的软件引用有助于推进软件计量和评价研究，还有助于孕育出一个可以对软件进行识别、检索和归类的学术交流体系。此外，鉴于目前以MATLAB、EDA、IDA Pro软件限供事件为代表的对华软件制裁动作层出不穷且现有文献较少关注中国科研人员的科学软件开发行为，本书基于问卷调查法和大规模软件存储库探究我国科研人员参与科学软件开发现状以及我国对世界软件研发的贡献情况，这对于加深对中外软件研发差距的了解、改善我国被国外软件"卡脖子"现状有重要意义。

参 考 文 献

［1］ Yan E, Sugimoto C R. Institutional interactions: Exploring social, cognitive, and geographic relationships between institutions as demonstrated through citationnetworks［J］. Journal of the American Society for Information Science and Technology, 2011, 62（8）: 1498-1514.

［2］ Yan E, Guns R. Predicting and recommending collaborations: An author-, institution-, and country-level analysis［J］. Journal of Informetrics, 2014, 8（2）: 295-309.

［3］ Hyland K. Disciplinary discourses, Michigan classics: Social interactions in academic writing［M］. Ann Arbor: University of Michigan Press, 2004.

［4］ Cronin B. The sociological turn in information science［J］. Journal of Information Science, 2008, 34（4）: 465-475.

［5］ Nature Editorial. Publish or perish［J］. Nature, 2010, 467（16）: 252.

［6］ Fanelli D. Do pressures to publish increase scientists'bias? An empirical support from US States Data［J］. PLoS One, 2010, 5（4）: e10271.

［7］ Hafer L, KirkpatrickA E. Assessing open source software as a scholarly contribution［J］. Communications of the ACM, 2009, 52（12）: 126-129.

［8］ Howison J, Bullard J. Software in the scientific literature: Problems with seeing, finding, and using software mentioned in the biology literature［J］. Journal of the Association for Information Science and Technology, 2016, 67（9）: 2137-2155.

［9］ Huang X, Ding X, Lee C P, et al. Meanings and boundaries of scientific software sharing［C］//Proceedings of the 2013 Conference on Computer Supported Cooperative Work. San Antonio: ACM, 2013: 423-434.

［10］ Kanewala U, Bieman J M. Testing scientific software: A systematic literature review［J］. Information and Software Technology, 2014, 56（10）: 1219-1232.

［11］ Kelly D, Sanders R. The challenge of testing scientific software［C］//Proceedings of the 3rd Annual Conference of the Association for Software Testing. Toronto, 2008: 30-36.

[12] 杨波，王雪，佘曾溧. 生物信息学文献中的科学软件利用行为研究［J］. 情报学报，2016，35（11）：1140-1147.

[13] Sletholt M T, Hannay J E, Pfahl D, et al. What do we know about scientific software development's agile practices?［J］. Computing in Science & Engineering, 2012, 14（2）：24-37.

[14] Kelly D. An analysis of process characteristics for developing scientific software［J］. Journal of Organizational and End User Computing, 2011, 23（4）：64-79.

[15] Hannay J E, MacLeod C, Singer J, et al. How do scientists develop and use scientific software?［C］//Workshop on Software Engineering for Computational Science and Engineering. Washington D. C.：ICSE, 2009：1-8.

[16] Kelly D, Smith S, Meng N. Software engineering for scientists［J］. Computing in Science & Engineering, 2011, 13（5）：7-11.

[17] Gomez-Diaz T, Recio T. On the evaluation of research software：The CDUR procedure［J］. F1000Research, 2019, 8：1353.

[18] Hettrick S. Research software sustainability：Report on a Knowledge Exchange Workshop［R/OL］. 2016.［2023-8-31］. https://digitalcommons.unl.edu/cgi/viewcontent.cgi?article=1005&context=scholcom.

[19] National Academies of Sciences, Engineering, and Medicine. Open Source Software Policy Options for NASA Earth and Space Sciences［M］. Washington D. C.：National Academies Press, 2018.

[20] Soito L, Hwang L J. Citations for software：Providing identification, access and recognition for research software［J］. International Journal of Digital Curation, 2016, 11（2）：48-63.

[21] Eisty N U, Thiruvathukal G K, Carver J C. A survey of software metric use in research software development［C］//2018 IEEE the 14th International Conference on e-Science（e-Science）. Amsterdam：IEEE, 2018：212-222.

[22] 陈新兰，顾立平. 学术软件的长期保存与合理使用的探索性研究［J］. 情报理论与实践，2021，44（4）：113-118.

[23] 姚伟欣，顾立平. 科研软件的长期发展保障初探性研究［J］. 情报理论与实践，2023，46（1）：16-23.

[24] Schindler D, Bensmann F, Dietze S, et al. The role of software in science：A knowledge graph-based analysis of software mentions in PubMed Central［J］. PeerJ Computer Science, 2022, 8：e835.

[25] 崔明，潘雪莲，华薇娜. 我国图书情报领域的软件使用和引用研究［J］. 中国图书馆学报，2018，44（3）：66-78.

[26] Hettrick S. It's impossible to conduct research without software, say 7 out of 10 UK researchers［EB/OL］. 2014.［2014-12-4］. https://software.ac.uk/blog/2014-12-04-its-impossible-conduct-research-without-software-say-7-out-10-uk-researchers.

[27] Howison J, Herbsleb J D. Incentives and integration in scientific software production［C］//

Proceedings of the 2013 Conference on Computer Supported Cooperative Work. San Antonio： ACM, 2013：459-470.

[28] Merow C, Boyle B, Enquist B J, et al. Better incentives are needed to reward academic software development [J]. Nature Ecology & Evolution, 2023, 7 (5)：626-627.

[29] Howison J, Deelman E, McLennan M J, et al. Understanding the scientific software ecosystem and its impact：Current and future measures [J]. Research Evaluation, 2015, 24 (4)：454-470.

[30] Trainer E H, Chaihirunkarn C, Kalyanasundaram A, et al. From personal tool to community resource：What's the extra work and who will do it？ [C] //Proceedings of the 18th ACM Conference on Computer Supported Cooperative Work &Social Computing. Vancouver：ACM, 2015：417-430.

[31] Poisot T. Best publishing practices to improve user confidence in scientific software [J]. Ideas in Ecology and Evolution, 2015, 8 (1)：50-54.

[32] Chawla D S. The unsung heroes of scientific software [J]. Nature, 2016, 529 (7584)：115-116.

[33] Blanton B, Lenhardt C. A scientist's perspective on sustainable scientific software [J]. Journal of Open Research Software, 2014, 2 (1)：e17.

[34] NSF. GPG summary of changes [EB/OL]. 2013. [2023-9-12]. https：//www.nsf.gov/pubs/policydocs/pappguide/nsf13001/gpg_sigchanges.jsp.

[35] Research Excellence Framework. Submitting Research Outputs [EB/OL]. 2010. [2023-9-12]. https：//archive.ref.ac.uk/guidance-and-criteria-on-submissions/guidance/submitting-research-outputs/.

[36] 钱雨菲, 潘雪莲, 施云, 等. 科学软件可持续性研究与实践进展综述 [J]. 新世纪图书馆, 2022, (11)：87-96.

第 2 章　科学软件的研究现状

本章首先利用检索词精确检索和滚雪球法全面收集科学软件实体识别、科学软件对科学研究的影响研究、科学软件可持续性研究与实践进展相关文献，然后对收集到的文献进行数据抽取与综合分析，以全面揭示科学软件的学术价值、加深人们对科学软件重要性的理解，为有关部门将科学软件纳入科研评价体系提供决策依据，进而为科研评价与创新激励提供一个新的维度，有助于鼓励我国科研人员开发和维护科学软件。

2.1　科学软件实体识别研究现状

2.1.1　命名实体识别研究进展

命名实体识别（named entity recognition，NER）任务是在自然语言处理领域一个重要的基础任务，对句法分析、文本分类、知识图谱等许多自然语言处理下游任务均具有重要的支撑作用[1]。命名实体识别就是要从自由文本中识别出命名实体并确定其类别[2]。一般来讲，命名实体包括实体类（人名、地名、机构名）、时间类（时间、日期）和数字类（货币、百分比）这三大类命名实体。在实际研究中，命名实体的确切含义需要根据具体应用来确定。例如，从病历抽取信息时，命名实体就包括疾病、诱因、症状、药物等特殊实体。

命名实体识别方法主要分为如下三类：基于规则和词典的方法（rule-based and dictionary-based approaches）、基于统计机器学习的方法（statistical machine learning approaches）、基于深度学习的方法（deep learning approaches）。基于规则和词典的方法的本质是通过人工构建规则及词典，再通过一些正则表达式从文本中进行匹配提取[3]。基于规则和词典的方法具有直观、易理解、易维护、易融合领域知识、易跟踪错误和易改正错误的优点[4]，但同时此类方法依赖于语言学专家及相应领域专家的知识，存在过于耗费人力、规则制定成本过高、欠缺识别未登录词能力的缺点。为了节省人力和减少人工监督，一些学者设计出了依据已标引的训练语料库自动生成规则的命名实体识别系统，如 AutoSlog[5]、PALKA[6] 和

CRSTAL[7]。然而，基于语料库的方法需要标注训练语料，这依然是一个颇为艰难的任务。为进一步减少人工参与，一些研究者提出了基于弱监督的实体识别方法，如 Riloff 的研究团队提出的基于自扩展的命名实体识别方法[8-9]，该方法只需要少量种子词和一个未标注文本库作为输入就可以自动识别出有价值的命名实体。

基于统计机器学习的方法本质上是分类的方法，先给定命名实体的多个类别，再通过模型判别概率对文本中的实体进行分类。虽然此类方法的本质是分类，但实际包括以下思路：一是先对文本中的命名实体边界进行识别后再进行分类；二是序列号标注方法，即对于每个词都对应着类别标签，通过标签整合得到命名实体与对应类别，这也是目前最为有效且普遍使用的方法。此外，根据训练方式的不同，此类方法又可细分为有监督学习（supervised learning）、半监督学习（semi-supervised learning）、无监督学习（unsupervised learning）。有监督学习模型主要有隐马尔可夫模型（hidden Markov models，HMM）、最大熵模型（maximum entropy models，MEM）、支持向量机（support vector machines，SVM）、条件随机场（conditional random fields，CRF）等。半监督学习则针对有监督学习需要专家手工标注大量数据的问题，通过少量标记的语料不断自举迭代实现良好的实验结果。无监督学习则更进一步，无需使用事先标注好的数据，以数据的结构与分布特征为核心进行聚类，但此种方法性能相较而言低很多。基于统计机器学习的方法有可训练、可移植、需要较少人力的优点，但也存在需要有标签数据、移植到新领域需要重新训练模型、需要机器学习专业知识来使用或维护的缺点[4]。

基于深度学习的方法则在近年来的研究中备受关注，其对于序列标注任务的处理流程与基于统计机器学习的方法类似。此类方法在实际应用中主要流程一般分为四部分：序列、词嵌入、上下文编码器、标签解码器，与机器学习的方法最大区别在于其在编码器中利用神经网络自动提取特征。此外，根据训练方式的不同，此类方法同样可进一步细分为有监督深度学习方法、远程监督深度学习方法、基于 Transformer 的方法、基于提示学习的方法。基于有监督深度学习的模型主要有卷积神经网络（convolutional neural network，CNN）、循环神经网络（recurrent neural network，RNN）、图神经网络（graph neural network，GNN）等，其应用通常结合使用，如 BiLSTM-CRF[10]、BiLSTM-CNN-CRF[11]。基于远程监督深度学习的方法则针对有监督深度学习方法需要大量标注数据的问题，利用外部词典或知识库对数据进行标注，但此类方法会出现不完全标注及噪声标注，从而影响到 NER 模型性能[12]。基于 Transformer 的方法的代表是 BERT 类的预训练模型，此类方法获得了多种扩展应用，如 BERT-CRF[13]、BERT-IDCNN-CRF[14]、

ALBERT-AttBiLSTM-CRF[15]等。基于提示学习的方法主要在低资源任务中使用，其通常不需要对预训练语言模型的结构及参数进行修改，而是向输入中添加提示信息以及修改下游任务以适应预训练模型，目前仍处于探索阶段。

2.1.2 科学软件实体识别研究现状

软件实体不是人名、地名、机构名、时间、日期、货币和百分比这些传统意义上的命名实体，存在实体边界不清晰，提及软件实体的模式多变，且提及软件的模式也常被用来提及实验仪器设备和化学试剂等特点。此外，软件种类繁多，尚无软件词典可用，且新软件不断涌现。因此，基于规则和词典的方法难以很好地完成软件实体识别任务。由于软件实体在学术论文中的分布非常稀疏，人工标注数据非常耗时，需要大量人工标注数据训练模型的有监督机器学习方法耗时的缺点更为明显，此类方法也不太适合学术论文全文数据中的软件实体识别任务。在此背景下，一些学者采用人工对有限数量的文章中的软件实体进行识别。例如，Li 等[16]为探究 *PLoS One* 期刊论文中 R 包引用情况，对 391 篇抽样论文全文文本中的 R 包进行人工识别；Yang 等[17]采用人工对生物信息学领域的期刊论文文本中的软件实体进行识别，并据此探究科学软件对生物信息学研究的重要性；孟文静和宋歌[18]采用人工方法对较多提及 Python 的图书情报学国际期刊论文中应用的 Python 软件包进行标注，并据此探究 Python 软件工具在图书情报学科中的应用演进及特征，揭示图书情报学科当前的发展及未来动向。人工识别软件实体具有高度可靠的优点，但十分耗费时间和人力，该方法通常仅适用于样本数量有限的小规模研究，不太适用于对多学科大规模文本数据的软件识别任务。

虽然基于规则和词典的方法比人工识别方法效率更高，但此类方法可扩展性不高。因此，一些学者开始将基于规则和词典的方法与机器学习方法相结合来识别非结构化自由文本中的软件、数据库等有价值命名实体。例如，美国犹他大学 Riloff 的研究团队[9]提出了一种基于自扩展的命名实体识别方法（bootstrapping methods），该方法只需要少量的种子词和一个未标注文本语料库作为输入。此后，一些学者对该算法进行改进以提高算法性能。Yangarber 等[19]设计出模式精度和模式信度等指标来过滤识别出来的模式和实体，以提高算法精度。然而，删除小于一定阈值的模式会导致实体抽取的低召回率。Gupta 和 Manning[20]通过预判未标注实体的标签来提高基于自扩展的命名实体识别算法的性能。但是该算法需要借助外部领域词典完成预判工作，并且该算法将高分模式抽取出的实体全部默认为正确实体，无法从中识别出错误实体。Duck 等[21]于 2013 年开发了一种基于规则的命名实体识别器 bioNerDS，用于从生物信息学原始文献中抽取数据库和软件名称，F 值位于 0.63~0.91。Duck 等[22]于 2015 年对之前提出的针对数据库和软件实体的识别算法进行改进，实验结果表明，基于词典的方法 F 值为 0.46，而机器学习方法在严格匹配和宽松匹配模式下的 F 值分别达 0.63 和 0.7。

近年来，国内外学者逐渐开始将深度学习方法应用于科学软件实体识别研究。由于目前科学软件的定义并不明确且不同学者对科学软件实体类别的定义有所不同，现有相关研究更多的是将通用领域中表现较好且较成熟的模型带入实验文本数据集进行验证，或是基于自身研究所用文本的特征对模型框架进行调整优化。例如，Schindler 等[23]在自建语料库上使用长短期记忆网络结合条件随机场分类器（BiLSTM-CRF）进行训练以识别软件名称，并将识别效果与参照算法 CRF 的识别效果进行比较，两种算法在相同测试集上对软件名称识别的 F 值分别达到 0.82 和 0.41。Lopez 等[24]则使用 CRF、BiLSTM-CRF（包括未加入特征、加入特征、加入 ELMO）、BERT-CRF 以及 SCIBERT-CRT 模型对软件名称、开发者、版本号、统一资源定位符（URL）四类实体进行识别，实验结果显示，各模型的 F 值分别为 0.663、0.698、0.693、0.716、0.653 和 0.746。孙超[25]使用 Glove-BiLSTM-CRF、BERT-BiLSTM-CRF 和 BERT-BiLSTM-GCN-CRF 模型对软件工程文本中的软件实体进行识别，实验结果表明，三个模型对软件实体的整体识别 F 值分别为 0.6737、0.7951 和 0.7960。

2.2 科学软件对科学研究的影响研究现状

长久以来，科学软件常常被认为是科学研究的副产品，其对科学研究的贡献一直被低估甚至被忽略，以至于科学家没有动力开发和维护科学软件[26]。因此，学者们从不同角度量化评价科学软件对科学研究的影响，以加深人们对科学软件重要性以及科学软件开发者科学贡献的理解，为有关部门肯定科学软件并将其纳入科研评价体系提供决策依据。

2.2.1 科学软件对科学研究的重要性

综合相关研究可以发现，学者们主要通过询问科研人员和调查学术论文两种方式从科研人员对科学软件的感知重要性、依赖程度、使用、开发等方面来探究科学软件对科学研究的重要性。

在感知重要性方面，主要用"认为使用、开发科学软件对自己、他人研究工作重要的科研人员占比"等指标来量化测度。Hannay 等[27]对主要来自欧美的 1972 名科学家进行调查发现，分别有 91.2%、84.3% 的受访者认为使用、开发科学软件对自己的研究重要或非常重要；Pinto 等[28]的调查发现，分别有 86%、63%的受访科学家认为开发科学软件对自己、他人的研究重要或非常重要；潘雪莲等[29]对 224 位中国科研人员的调查发现，有 86.6%的人认为科学软件对自己的研究工作重要或非常重要。

在依赖程度方面，主要用"非常依赖、不太依赖科学软件的科研人员占比"等指标来测度。Hettrick[30]的调查发现，69%的英国科研人员表示如果不使用科学软件他们就无法进行研究工作，10%的受访者表示不使用科学软件对自己的研究工作没有太大影响；美国的一项类似调查显示，63%的美国博士后表示如果没有科学软件他们就无法进行研究工作，6%的受访者表示不使用科学软件对自己的研究工作没有重要影响[31]。

在使用方面，主要用"使用科学软件的科研人员占比、使用科学软件的论文占比、提及科学软件的论文占比、篇均论文提及软件个数"等指标来测度。Nangia 和 Katz[31]的调查发现，95%的美国博士后使用科学软件；英国的一项类似调查显示，92%的英国科研人员使用科学软件[30]；Pan 等[32]对发表在综合性期刊 *PLoS One* 上的论文中的软件使用情况进行调查发现，软件使用存在学科差异，数学领域论文提及软件比例最低（61%），农学领域论文提及软件比例最高（86%）；Nangia 和 Katz[33]的调查发现，80%的 *Nature* 期刊论文提及了科学软件，平均每篇论文提及 7 个软件；Howison 和 Bullard[34]对生物学英文期刊论文中的软件使用情况进行调查发现，65%的论文提及了科学软件，平均每篇论文提及 4.85 个软件。

在开发方面，主要用"开发科学软件的科研人员占比、科研人员花费的科学软件开发时间"等指标来测度。Hettrick[30]的调查发现有 56%的英国科研人员开发自己的科学软件，而一项对中国科研人员的调查显示仅有 8.5%的受访者参与过科学软件的开发[29]。Prabhu 等[35]的调查发现，美国普林斯顿大学科研人员在软件开发上平均大约花费 35%的研究时间；Hannay 等[27]的调查发现，被调查科学家在科学软件开发上平均大约花费 30%的工作时间，且有 53.5%的被调查科学家表示他们在科学软件开发上比 10 年前花费更多的时间；Pinto 等[28] 10 年后的重复调查发现了类似结果，受访科学家在科学软件开发上平均大约花费 30%的工作时间，且有 82%的受访者认为他们在科学软件开发上比 10 年前花费更多的时间。值得一提的是，上述对科研人员开发科学软件情况的调查，不仅揭示了科学软件对科学研究的重要性，还发现很多科研人员只接受了非正式的软件开发培训，甚至有相当高比例的科研人员并未接受过软件开发培训。例如，Hannay 等[27]的调查发现，96.9%的受访科学家表示自学对软件开发非常重要。Hettrick[30]的调查发现，有 45%的受访英国科研人员没有接受过软件开发培训。

Nangia 和 Katz[31]的调查发现，54%的受访美国博士后没有接受过软件开发培训。研究人员近期对中国科研人员的调查显示，86.12%的受访者认为自学对软件开发非常重要。但未经充分软件开发培训的科研人员生产出来的科学软件不大可能是可持续使用的[30]。

2.2.2 科学软件的科学影响力评价

对科研人员及其研究成果的科学影响力进行评价是科学计量学的一个重要研究主题，现已有大量对传统研究成果如论文、专著的科学影响力进行评价的文献。在一些科学资助机构开始将科学软件认定为科研人员的有效科研成果之后，如何评价科学软件的科学影响力就成为一个亟待解决的问题，这是因为科学软件的科学影响力可以为科学资助机构的资源配置提供决策依据[26]。综合相关研究可以发现，学者们主要从学术论文中的科学软件提及、使用、引用、扩散以及科学软件网站/存储库中的用户注册、评论、软件下载、复用等角度探究科学软件的科学影响力。

由于被引频次被广泛用于测度文献的科学影响力[36]，一些学者尝试从引证视角研究科学软件的科学影响力[17,34]。然而，研究显示科学软件引用缺失严重且科研人员不规范引用行为普遍存在。例如 Pan 等[32]的调查发现，*PLoS One* 期刊论文中提及的科学软件中有40%的科学软件未获得正式引用；崔明等[26]对图情领域中文期刊论文中的软件引用情况进行调查发现，软件引用缺失率高达84%；Park 和 Wolfram[37]对科睿唯安的数据引文索引数据库收录的科学软件的引用情况进行调查发现，很少有科学软件被引用，平均每个科学软件被引0.1次。此外，研究还显示科研人员的科学软件引用行为并不规范，其对于引用对象的选择各有偏好[38]。例如 Li 等[38]的研究发现，科研人员对 R 软件包 lme4 的引用中，大约一半引用相关出版物，另外一半引用项目网站。科学软件引用缺失严重以及科研人员不规范引用行为的普遍存在给用被引频次评价软件的科学影响力带来很大障碍。鉴于科学软件引用缺失严重，一些学者提出用学术论文全文中的科学软件提及频次、使用频次、扩散广度来测度软件的科学影响力[39-40]。

对科学软件提及频次和使用频次的统计，有研究以句子为统计单位[39]，也有研究以篇章为统计单位[17,26]。以句子、篇章为统计单位分别是指一个科学软件在一个句子和一篇论文中无论是出现一次还是多次，其使用频次都记为1。提及科学软件与使用科学软件的区别在于前者指论文中出现了科学软件，后者指利用科学软件进行了相关研究。

科学软件扩散广度包括论文扩散广度、期刊扩散广度、领域扩散广度三个指标：论文扩散广度是指使用该科学软件的论文数量；期刊扩散广度是指发表使用该科学软件论文的期刊数量；领域扩散广度是指使用该科学软件论文的学科领域数量[41]。然而，上述基于学术论文全文的评价指标虽然能较好测度软件科学影响力，但有三个前提条件：一是科研人员在学术论文中要准确规范描述其研究中所使用的科学软件；二是要有覆盖广泛的大规模论文全文数据库；三是要有准确高效的科学软件自动识别工具。事实上，目前评价指标的上述三个条件并不能完全满足。例如，Pan 等[42]的研究发现，5%的图书情报学期刊论文使用了科学软件却未在论文中提及软件任何信息。此外，还有相当比例的科研人员甚至都不会在其论文中提及使用的科学软件[29]。

除了上述评价指标外，学者们还对软件下载量、复用次数、注册用户数、邮件列表订阅人数、用户评论数等其他可能用于测度软件科学影响力的指标进行讨论与研究[40,43-44]。例如 Thelwall 和 Kousha[40]研究发现，软件在 Google Code 中的下载频次与其在 Scopus 中的被引次数呈弱相关关系——下载频次可以证明软件有着更广泛的非科学用途。赵蓉英等[44]对科学软件在开源软件社区的下载量、在学术论文中的被引频次以及软件间的复用次数之间的相关性进行研究发现，三者之间存在中等相关关系；Howison 和 Deelman[43]的研究指出，科学软件的多平台分布、人际传递扩散、下载却不用等问题的存在使得难以用下载量来准确评价软件的科学影响力。注册用户数、邮件列表订阅人数和用户评论数同样存在准确指标数据难以获得的问题[26,43]。

2.3 科学软件可持续性研究与实践进展综述

2.3.1 科学软件可持续性的影响因素研究

本书基于社会生态模型[45]与 Howison 和 Deelman[43]提出的科学系统中的软件过程模型框架从科学软件质量因素、使用者因素、社会环境因素、技术平台因素四方面来分析科学软件可持续性的影响因素。

1) 科学软件质量因素

科学软件本身质量对科学软件可持续性具有重要影响。Venters 等[46]认为软件可持续性与软件质量密切相关，可持续性软件应具备可操作性、可维护性、可移植性、可重用性、可扩展性、可用性等属性。然而，科研人员开发的科学软件通常存在缺乏通用性、可扩展性、代码注释或文档以及难以与其他方法集成等"技术债务"问题[47-48]，这是因为很多科研人员并未接受过正式的软件开发培训[49-50]。例如 Hwang 等[49]的调查发现，地球动力学计算基础设施（computational infrastructure for geodynamics，CIG）社区中的大多数科研人员的科学软件开发技能是通过非正式培训习得的；生物大分子建模软件 Rosetta 的 Rosetta 社区中同样存在受过软件开发正式培训科研人员数量明显少于未经过正式培训科研人员数量的情况[50]。此外，Anzt 等[51]指出，关于如何创建、维护和支持可持续科学软件的专业知识仍较为缺乏，这可能导致科研人员设计出的软件不能很好地满足用户需求，进而造成较少被用户使用的情况。

2）使用者因素

科学软件可持续性同时也受到用户使用行为的影响。已有研究发现，获得学术声誉是科研人员开发和维护科学软件的一个主要动因[52-53]。然而，目前有相当高比例的科研人员因缺乏软件提及意识和引用意识而未在研究成果中提及或引用其所使用的科学软件。例如潘雪莲等[29]的调查显示，超过30%的受访科研人员未在研究成果中提及其所使用的科学软件；Howison 和 Deelman[43]的一位访谈对象表示自己开发的科学软件获得的被引次数仅占实际使用次数的10%；Howison 和 Bullard[34]的调查发现，生物学期刊论文中56%的软件未获得正式引用。科研人员的软件使用和引用行为不规范现象普遍存在[38,42]，这导致科学软件开发者不能获得应有的学术声誉[37]，以至于开发者没有动力开发、共享和维护科学软件[26,54]，造成科学软件不能持续可用。

3）社会环境因素

出版物驱动的科研评价体系、尚未被广泛接受的软件引用文化、未被统一规范的软件引用标准等社会环境因素对科学软件可持续性也有重要影响。目前主流的科研评价体系仍以传统出版物为主，科学软件往往被认为是科学研究的副产品，其对科学的贡献一直处于被低估的状态[26,37]。魏瑞斌[55]认为中国图书馆学、情报学领域学者较多使用国外软件与国内现有科研评价体系不重视科学软件有着密切关系。英国爱丁堡软件可持续发展研究所的创始人 Neil Chue Hong 指出，即使在严重依赖软件的计算机科学等学科中也很少有英国学者将科学软件列为其代表性研究成果，并且他认为英国的这种文化强化了编写和发布代码对研究人员没有任何好处的观念[56]。还有一些学者认为开发科学软件所需的时间和精力对自己发表传统研究成果存在负面影响[49]。Anzt 等[51]认为，缺乏对研究软件工程师（research software engineers，RSEs）的长期资助是科学软件可持续性差的另外一个主要因素。同时，由于目前没有实施强制性的软件引用，现有的科研奖励系统难以有效激励科研人员创建和使用可持续科学软件，如 Soito 和 Hwang[57]认为软件引用文化的缺失使开发者难以获得与其贡献相匹配的学术声誉。

4）技术平台因素

技术平台同样影响着科学软件可持续性。软件归纳存储平台被认为可以促进科学软件共享、增强科学软件的长期可访问性、帮助开发者了解其科学软件的访问及使用情况[50,58-59]。大部分学者认为软件归纳存储平台为科学软件分配的永久数字标识符［如数字对象标识符（digital object identifier，DOI）等］，可以提高科学软件的可识别性、可追溯性、可引用性和可重用性，推荐使用DOI对科学软件进行引用[34,37,58,60]。但也有学者持不同观点，如White[61]认为，软件引用形式应是灵活的，不应拘泥于引用软件DOI，也可根据开发者需要相应地选择引用软件、软件相关论文或软件存储库，这样才能更好地适应开发者需求。Park和Wolfram[37]的研究发现，永久数字标识符并未给科学软件带来更高的被引次数。与此同时，科学软件科学影响力追踪平台被认为可以更好地揭示科学软件的科学影响力及其开发者的科学贡献[56]。此外，软件引用格式生成工具也被认为可以减轻科研人员的软件引用负担、提高科研人员的软件引用效率和准确度[62-63]。

2.3.2 科学软件可持续性实践措施

综合相关文献可以发现，对于科学软件可持续发展的促进措施主要有如下四类：提高科学软件质量、规范科学软件使用、增加资源与激励、加大技术平台支持。

1）提高科学软件质量措施

虽然很多科研人员需要开发科学软件，但他们通常具有领域知识却很少接受编程或软件开发方面的正式培训，这导致他们对科学软件的可持续性认识不足，也导致他们所开发的科学软件大多存在可持续性差的问题[30,47,50]。因此，一些学术组织通过为科研人员提供软件设计和可持续软件开发方面的培训、统一规范的编码标准和软件开发测试框架以及将研究软件工程师或训练有素的计算机科学家加入研究小组等措施来提高科学软件的质量和可持续性[64-65]。例如，由英国工程和物理科学研究委员会于2010年资助成立的软件可持续性研究所（Software Sustainability Institute）已对超过4000名的科研人员进行软件开发培训，同时提供熟练的软件开发人员与科研人员密切合作，帮助科研人员解决他们所开发软件中的技术债务积累问题，提高他们所开发软件的可持续性[47,64]；Rosetta社区通过制定编码规范和软件测试框架、开展软件开发培训等措施来保证其所开发软件的质量和可持续性[50]。然而，我国目前尚无专门的科学软件可持续性组织机构为科研人员提供此类服务。

2）规范科学软件使用措施

针对目前科学软件使用和引用实践缺乏一致性的现状[26,34]，一些学术组织、出版机构等通过制定软件使用规范、引用标准和实施政策等措施来推动科学软件的规范使用，提高科学软件的可见性和可持续性[57,66]。例如，Force11软件引用工作组于2016年制定了重要性、信用和归属、唯一识别性、持久性、可访问性、特异性6个软件引用原则并给出了软件引用相关案例[66]。该工作组认为科研人员应像引用适当的论文一样引用适当的软件，建议软件引用样式支持表明是软件的标签［software］和软件版本信息（如Version 5.8.R2），同时建议使用DOI作为软件的唯一标识符，且建议软件标识符应包含元数据和软件本身链接的持久登录页面，要求科研人员在论文的正文和参考文献列表中规范引用其所使用的软件，还要求科研人员引用时给出所使用软件的名称、作者/贡献者名称、版本号、发布日期/下载日期、位置/存储库/联系人名称/电子邮件、DOI号等信息。美国电气与电子工程师协会（Institute of Electrical and Electronics Engineers，IEEE）遵循Force11软件引用工作组提出的软件引用原则，在其制定的2021年版IEEE文献引用指南（Reference Guide）中要求论文作者在引用软件时尽可能在引用条目中提供软件作者、软件名称、位置/存储、版本号、发布日期和唯一识别号[67]。美国心理学家协会（American Psychological Association，APA）在其第7版《美国心理协会出版手册》（Publication Manual of the American Psychological Association）中指出，不需要引用常用或众所周知的软件（如Word），在文本中给出软件的正确名称以及版本号即可，但对受众不太可能熟悉的软件，则需要提供文本引用和参考列表条目[68]。APA要求作者在软件引用条目中尽量包含软件作者、软件名称、版本号、版式、出版者（可能是App Store或Google Play Store，若出版者与作者相同则省略）、URL。而美国天文学会（American Astronomical Society，AAS）2016年发布的软件政策声明提出两种引用方法：一是引用描述软件的论文；二是引用软件的DOI号[69]。AAS在该声明中还建议作者在论文中以上述两种方法引用软件，同时建议在软件相关论文和DOI号之外提供指向软件代码存储库/索引的链接。软件的DOI号可通过Zenodo或Figshare获得。然而，我国最新的国家标准《信息与文献参考文献著录规则》（GB/T 7714—2015）中尚无明确的软件著录格式与示例。

除了上述学会组织和出版机构制定出相应的软件使用和引用标准用以规范作者的软件使用和引用行为外，一些软件存储平台、软件提供者也制定了相应的软件使用和引用指南。例如，美国天体物理源代码库（astrophysics source code library，ASCL）给出了相关引用建议[70]；支持向量分类软件LIBSVM开发者则建议使用者引用他们发表的描述该软件的论文（表2-1）。

表2-1 部分软件引用标准

制定者	引用方式	实例
AAS	引用描述软件的论文	Galpy: A python Library for Galactic Dynamics, Bovy 2014, ApJ, 216, 29
	引用软件的DOI号	Foreman-Mackey, et al. 2014, corner. py, v0.1.1, Zenodo, doi: 10.5281/zenodo.11020, as developed on GitHub
APA	引用软件本身	Maplesoft. 2019. Maple companion (version 2.1.0). Cybernet Systems Co. https://www.maplesoft.com/products/MapleCompanion/
IEEE	引用软件本身	Arning D W, et al. 2011. Mixed mode-mixed level circuit simulator. Ngspice. Accessed: 2019-1-11. http://ngspice.sourceforge.net
ASCL	引用软件本身	Pontzen A, Roškar R, Stinson G S, et al. 2013. Pynbody: Astrophysics simulation analysis for Python, 0.46, Astrophysics Source Code Library, ascl: 1305.002
支持向量分类软件LIBSVM开发者	引用描述软件的论文	Chih-Chung Chang, Chih-Jen Lin. 2011. LIBSVM: A Library for Support Vector Machines. ACM Transactions on Intelligent Systems and Technology, 2: 27: 1-27: 27, http://www.csie.ntu.edu.tw/~cjlin/libsvm

3) 增加资源与激励措施

目前科学资助机构、科技管理部门和相关学术组织主要通过肯定科学软件价值、给予资源支持和学术声誉等来激励科研人员开发和维护科学软件,提高科学软件的可持续性[51,47,65]。在肯定科学软件价值方面,美国国家科学基金会、美国国立卫生研究院、英国工程与物理科学研究委员会和英国高等教育基金委员会已将软件认定为科研人员的有效研究成果[71-74]。在给予资源支持方面,美国国家科学基金会(US National Science Foundation,NSF)在1995~2016年已资助近2万项软件相关项目,资助总额超过90亿美元[51];英国工程与物理科学研究委员会、英国生物技术和生物科学研究委员会和美国国家科学基金会等资助英国软件可持续性研究所、美国科学软件可持续性研究所等专门组织机构的成立、运行以及相关主题会议的召开和专项活动的开展[47,65];英国软件可持续性研究所通过研究软件工程师运动推动研究软件工程学会(Society of Research Software Engineering)的成立,为研究软件工程师争取认可、奖励及职业发展机会[47,64];英国工程与物理科学研究委员会设立了一系列的研究软件工程师奖学金(research software engineer fellowship,RSE fellowship)用于支持研究软件工程师的技能提升和职业发展[46,72]。在给予学术声誉方面,CIG社区要求开发者至少提供一个软件相关出版物以便于使用者引用,同时由 CIG 支持的 ASPECT 社区要求使用了其软件的出版物引用软件相关论文[49,75];美国公共慈善机构 NumFOCUS、英国软件可持续性研究所、爱思唯尔出版集团等机构资助或创办了专门的软件期刊,如 *Journal of Open Source Software*、*Journal of Open Research Software*、*SoftwareX* 等,以帮助软件开发者获得学术声誉[76]。然而,我国目前尚未将科学软件纳入科研评价体系,且缺乏维护软件的激励措施和资源,也未创办专门的软件期刊。

4)加大技术平台支持

目前相关组织机构主要通过构建和完善软件归档存储平台、软件影响力追踪平台和软件引用格式生成工具等来提高科学软件的可持续性。常用的综合性软件归档存储平台有 GitHub(https://github.com/)、Google Code(https://code.google.com/)、CRAN(https://cran.r-project.org/)、PyPI(https://pypi.org/)、Zenodo(https://zenodo.org/)、Figshare(http://figshare.com/)、Dryad(http://datadryad.org/)、PANGAEA(https://www.pangaea.de/),这些平台提供了访问量、收藏量、下载量等统计数据,其中后四个平台可以为上传软件提供 DOI 号和许可证。特定学科领域的软件归档存储平台有天体物理学领域的 ASCL(http://ASCL.net)、生物信息学领域的 Bioconductor(https://www.bioconductor.org/)、结构生物学领域 SBGrid(https://sbgrid.org/)、生理学领域的 PhysioNet(https://physionet.org/about/software/)等。为了更好地测度科学软件的影响力,一些用于追踪软件影响力的平台被创建出来,其中比较知名的有科睿唯安的 Data Citation Index(DCI)数据库、美国国家科学基金资助开发的 Depsy(http://depsy.org/)。截至 2018 年 10 月 DCI 已收录 67 000 个科学软件,并统计收录的每个科学软件在 Web of Science 核心合集、中国科学引文数据库、俄罗斯科学引文索引等数据库中的被引次数,以此作为科学软件影响力测度指标[37]。Depsy 通过统计公共存储库中以 R 和 Python 两种语言编写的软件在研究论文中的提及次数、软件之间的复用次数、在 CRAN 和 PyPI 中的下载次数以及在 GitHub 中的收藏量和在线讨论次数来揭示科学软件的影响力[56]。此外,一些软件引用格式生成工具被开发出来帮助科研人员更好、更便捷地引用科学软件。例如,SBGrid 软件联盟创建的网络应用程序 AppCiter(https://sbgrid.org//software/)可以为结构生物软件程序提供最新且详尽的引文信息,它引导用户浏览分类组织的程序列表,以查看、选择和导出最适用于他们工作的引文[62]。阿尔弗雷德·斯隆基金会(Alfred P. Sloan Foundation)资助创建的应用工具 CiteAs 可以根据用户输入的软件 DOI 号、URL、名称等信息生成六种格式的软件引用条目,便于用户正确高效地引用其所使用的科学软件[63]。较之国外已开发的诸多软件归档存储平台、软件影响力追踪平台和软件引用格式生成工具,我国尚缺乏促进科学软件可持续性的技术平台支持。

参 考 文 献

[1] 高翔，王石，朱俊武，等．命名实体识别任务综述［J］．计算机科学，2023，50（S1）：26-33．

[2] 孙镇，王惠临．命名实体识别研究进展综述［J］．现代图书情报技术，2010，26（6）：42-47．

[3] 刘浏，王东波．命名实体识别研究综述［J］．情报学报，2018，37（3）：329-340．

[4] Chiticariu L, Li Y, Reiss F R. Rule-based information extraction is dead! Long live rule-based information extraction systems！［C］//Proceedings of the 2013 conference on empirical methods in natural language proccessing. Seattle：EMNLP, 2013：827-832.

[5] Riloff E. Automatically constructing a dictionary for information extraction tasks［C］// Proceedings of Eleventh National Conference on Artificial Intelligence. Washington D. C.：ACM, 1993：811-816.

[6] Kim J T, Moldovan D. Acquisition of semantic patterns for information extraction from corpora ［C］//Proceedings of 9th IEEE Conference on Artificial Intelligence for Applications. Orlando：IEEE, 1993：171-176.

[7] Soderland S, Fisher D, Aseltine J, et al. CRYSTAL：Inducing a conceptual dictionary［C］// Proceedings of the 14th International Joint Conference on Artificial Intelligence. Montreal：ACM, 1995：1314-1319.

[8] Riloff E. Automatically generating extraction patterns from untagged text［C］//Proceedings of the National Conference on Artificial Intelligence. Washington D. C.：ACM, 1996：1044-1049.

[9] Thelen M, Riloff E. A bootstrapping method for learning semantic lexicons using extraction pattern contexts［C］//Proceedings of the ACL-02 Conference onEmpirical Methods in Natural Language Processing-Volume 10. Stroudsburg：Association for Computational Linguistics, 2002：214-221.

[10] Luo L, Yang Z, Yang P, et al. An attention-based BiLSTM-CRF approach to document-level chemical named entity recognition［J］. Bioinformatics, 2018, 34（8）：1381-1388.

[11] Sornlertlamvanich V, Suriyachay K, Charoenporn T. Thai Named Entity Corpus Annotation Scheme and Self Verification by BiLSTM-CNN-CRF［C］//Language and Technology Conference. Cham：Springer International Publishing, 2019：143-160.

[12] 李冬梅，罗斯斯，张小平，等．命名实体识别方法研究综述［J］．计算机科学与探索，2022，16（9）：1954-1968．

[13] Souza F, Nogueira R, Lotufo R. Portuguese named entity recognition using BERT-CRF［J］. arXiv preprint arXiv：1909. 10649, 2019.

[14] 李妮，关焕梅，杨飘，等．基于BERT-IDCNN-CRF的中文命名实体识别方法［J］．山东大学学报（理学版），2020，55（1）：102-109．

[15] Yao L, Huang H, Wang K W, et al. Fine-grained mechanical Chinese named entity

recognition based on ALBERT-AttBiLSTM-CRF and transfer learning [J]. Symmetry, 2020, 12 (12): 1986.

[16] Li K, Yan E, Feng Y. How is R cited in research outputs? Structure, impacts, and citation standard [J]. Journal of Informetrics, 2017, 11 (4): 989-1002.

[17] Yang B, Rousseau R, Wang X, et al. How important is scientific software in bioinformatics research? A comparative study between international and Chinese research communities [J]. Journal of the Association for Information Science and Technology, 2018, 69 (9): 1122-1133.

[18] 孟文静, 宋歌. 工具视角下的图书情报学科发展及动向分析——以 Python 为例 [J]. 现代情报, 2023, 43 (1): 79-90.

[19] Yangarber R, Lin W, Grishman R. Unsupervised learning of generalized names [C] // Proceedings of the 19th International Conference on Computational Linguistics-Volume 1. Stroudsburg: Association for Computational Linguistics, 2002: 1-7.

[20] Gupta S, Manning C D. Improved pattern learning for bootstrapped entity extraction [C] // Proceedings of the 18th Conference on Computational Natural Language Learning. Baltimore. 2014: 98-108.

[21] Duck G, Nenadic G, Brass A, et al. bioNerDS: Exploring bioinformatics' database and software use through literature mining [J]. BMC Bioinformatics, 2013, 14 (1): 1-13.

[22] Duck G, Kovacevic A, Robertson D L, et al. Ambiguity and variability of database and software names in bioinformatics [J]. Journal of Biomedical Semantics, 2015, 6: 1-11.

[23] Schindler D, Zapilko B, Krüger F. Investigating software usage in the social sciences: A knowledge graph approach [C] //European Semantic Web Conference. Cham: Springer International Publishing, 2020: 271-286.

[24] Lopez P, Du C, Cohoon J, et al. Mining software entities in scientific literature: Document-level ner for an extremely imbalance and large-scale task [C] //Proceedings of the 30th ACM International Conference on Information & Knowledge Management. New York: ACM, 2021: 3986-3995.

[25] 孙超. 基于深度学习的软件实体识别方法 [D]. 昆明: 云南师范大学, 2021.

[26] 崔明, 潘雪莲, 华薇娜. 我国图书情报领域的软件使用和引用研究 [J]. 中国图书馆学报, 2018, 44 (3): 66-78.

[27] Hannay J E, MacLeod C, Singer J, et al. How do scientists develop and use scientific software? [C] //2009 ICSE Workshop on Software Engineering for Computational Science and Engineering. Vancouver: IEEE, 2009: 1-8.

[28] Pinto G, Wiese I, Dias L F. How do scientists develop scientific software? An external replication [C] //2018 IEEE 25th International Conference on Software Analysis, Evolution and Reengineering. Campobasso: IEEE, 2018: 582-591.

[29] 潘雪莲, 孙梦佳, 于晓彤, 等. 中国科研人员的科学软件使用和引用行为研究 [J]. 现代情报, 2021, 41 (8): 76-86.

[30] Hettrick S. It's impossible to conduct research without software, say 7 out of 10 UK researchers [EB/OL]. 2014. [2023-08-31]. https://www.software.ac.uk/blog/its-impossible-conduct-research-without-software-say-7-out-10-uk-researchers.

[31] Nangia U, Katz D S. Surveying the US National Postdoctoral Association regarding software use and training in research [C] //Workshop on Sustainable Software for Science: Practice and Experiences, Manchester. 2017.

[32] Pan X, Yan E, Hua W. Disciplinary differences of software use and impact in scientific literature [J]. Scientometrics, 2016, 109 (3): 1593-1610.

[33] Nangia U, Katz D S. Understanding Software in Research: Initial Results from Examining Nature and a Call for Collaboration [C] //2017 IEEE 13th International Conference on e-Science (e-Science), Auckland: IEEE, 2017: 486-487.

[34] Howison J, Bullard J. Software in the scientific literature: Problems with seeing, finding, and using software mentioned in the biology literature [J]. Journal of the Association for Information Science and Technology, 2016, 67 (9): 2137-2155.

[35] Prabhu P, Kim H, Oh T, et al. A survey of the practice of computational science [C] //Proceedings of 2011 International Conference for High Performance Computing, Networking, Storage and Analysis. Seattle: IEEE, 2011: 1-12.

[36] Hanney S, Frame I, Grant J, et al. Using categorisations of citations when assessing the outcomes from health research [J]. Scientometrics, 2005, 65 (3): 357-379.

[37] Park H, Wolfram D. Research software citation in the Data Citation Index: Current practices and implications for research software sharing and reuse [J]. Journal of Informetrics, 2019, 13 (2): 574-582.

[38] Li K, Chen P Y, Yan E. Challenges of measuring software impact through citations: An examination of the lme4 R package [J]. Journal of Informetrics, 2019, 13 (1): 449-461.

[39] Pan X, Yan E, Wang Q, et al. Assessing the impact of software on science: A bootstrapped learning of software entities in full-text papers [J]. Journal of Informetrics, 2015, 9 (4): 860-871.

[40] Thelwall M, Kousha K. Academic software downloads from google code: Useful usage indicators? [J]. Information Research: An International Electronic Journal, 2016, 21 (1): n1.

[41] Pan X, Yan E, Cui M, et al. Examining the usage, citation, and diffusion patterns of bibliometric mapping software: Acomparative study of three tools [J]. Journal of informetrics, 2018, 12 (2): 481-493.

[42] Pan X, Yan E, Cui M, et al. How important is software to library and information science research? A content analysis of full-text publications [J]. Journal of Informetrics, 2019, 13 (1): 397-406.

[43] Howison J, Deelman E, Mclennan M J, et al. Understanding the scientific software ecosystem and its impact: Current and future measures [J]. Research Evaluation, 2015, 24 (4): 454-470.

[44] 赵蓉英, 魏明坤, 汪少震. 基于 Altmetrics 的开源软件学术影响力评价研究 [J]. 中国图书馆学报, 2017, 43 (2): 80-95.

[45] Stokols D. Translating social ecological theory into guidelines for community health promotion [J]. American Journal of Health Promotion, 1996, 10 (4): 282-298.

[46] Venters C C, Capilla R, Betz S, et al. Software sustainability: Research and practice from a software architecture viewpoint [J]. Journal of Systems and Software, 2018, 138: 174-188.

[47] Crouch S, Hong N C, Hettrick S, et al. The Software Sustainability Institute: changing research software attitudes and practices [J]. Computing in Science & Engineering, 2014, 15 (6): 74-80.

[48] Badreddin O, Hamou-Lhadj W, Chauhan S. Susereum: Towards a reward structure for sustainable scientific research software [C] //2019 IEEE/ACM 14th International Workshop on Software Engineering for Science. Montreal: IEEE, 2019: 51-54.

[49] Hwang L, Fish A, Soito L, et al. Software and the scientist: Coding and citation practices in geodynamics [J]. Earth and Space Science, 2017, 4 (11): 670-680.

[50] Leman J K, Weitzner B D, Renfrew P D, et al. Better together: Elements of successful scientific software development in a distributed collaborative community [J]. PLoS Computational Biology, 2020, 16 (5): e1007507.

[51] Anzt H, Bach F, Druskat S, et al. An environment for sustainable research software in Germany and beyond: Current state, open challenges, and call for action [J]. F1000Research, 2020, 9: 295.

[52] Howison J, Herbsleb J D. Incentives and integration in scientific software production [C]. Proceedings of the 2013 conference on Computer supported cooperative work. San Antonio: ACM, 2013: 459-470.

[53] Trainer E H, Chaihirunkarn C, Kalyanasundaram A, et al. From personal tool to community resource: What's the extra work and who will do it? [C] //Proceedings of the 18th ACM Conference onComputer Supported Cooperative Work & Social Computing. Vancouver: ACM, 2015: 417-430.

[54] Poisot T. Best publishing practices to improve user confidence in scientific software [J]. Ideas in Ecology and Evolution, 2015, 8 (1): 50-54.

[55] 魏瑞斌. 基于论文提及的科学软件在国内图书情报学领域的应用现状分析 [J]. 情报杂志, 2021, 40 (5): 165-170.

[56] Chawla D S. The unsung heroes of scientific software [J]. Nature, 2016, 529 (7584): 115-116.

[57] Soito L, Hwang L J. Citations for software: Providing identification, access and recognition for research software [J]. International Journal of Digital Curation, 2016, 11 (2): 48-63.

[58] 杨波, 王雪, 佘曾溧. 生物信息学文献中的科学软件利用行为研究 [J]. 情报学报, 2016, 35 (11): 1140-1147.

[59] Mislan K A S, Heer J M, White E P. Elevating the status of code in ecology [J]. Trends in Ecology & Evolution, 2016, 31 (1): 4-7.

[60] Culina A, Van Den Berg I, Evans S, et al. Low availability of code in ecology: A call for urgent action [J]. PLoS Biology, 2020, 18 (7): e3000763.

[61] White E P. Some thoughts on best publishing practices for scientific software [J]. Ideas in Ecology and Evolution, 2015, 8 (1): 55-57.

[62] Socias S M, Morin A, Timony M A, et al. AppCiter: a web application for increasing rates and accuracy of scientific software citation [J]. Structure, 2015, 23 (5): 807-808.

[63] OurResearch. CiteAs [EB/OL]. 2021. [2023-9-10]. https://citeas.org/.

[64] Software Sustainability Institute. About the Software Sustainability Institute [EB/OL]. [2023-9-12]. https://www.software.ac.uk/about.

[65] Katz D S, Mcinnes L C, Bernholdt D E, et al. Community organizations: Changing the culture in which research software is developed and sustained [J]. Computing in Science & Engineering, 2018, 21 (2): 8-24.

[66] Smith A M, Katz D S, Niemeyer K E. Software citation principles [J]. PeerJ Computer Science, 2016, 2: e86.

[67] Institute of Electrical and Electronics Engineers. IEEE Reference Guide V 01.29.2021 [EB/OL]. 2021. [2023-9-12]. http://journals.ieeeauthorcenter.ieee.org/wp-content/uploads/sites/7/IEEE-Reference-Guide-Online-v.04-20-2021.pdf.

[68] American Psychological Association. Publication manual of the American Psychological Association (7th ed.). [M]. Washington: American Psychological Association, 2020.

[69] American Astronomical Society. Policy Statement on Software [EB/OL]. 2016. [2023-9-12]. https://journals.aas.org/news/policy-statement-on-software/.

[70] Astrophysics Source Code Library. Citing ASCL code entries [EB/OL]. [2023-9-12]. http://ascl.net/wordpress/about-ascl/citing-ascl-code-entries/.

[71] NSF. GPG summary of changes [EB/OL]. 2013. [2023-9-12]. https://www.nsf.gov/pubs/policydocs/pappguide/nsf13001/gpg_sigchanges.jsp.

[72] EPSRC. Reviewer forms and guidance notes for standard grants [EB/OL]. 2021. [2023-9-12]. https://epsrc.ukri.org/funding/assessmentprocess/review/formsandguidancenotes/standardgrants/.

[73] Research Excellence Framework. Output information requirements [EB/OL]. [2021-8-10]. http://www.ref.ac.uk/about/guidance/submittingresearchoutputs/.

[74] NIH. NIH RPPR Instruction Guide [EB/OL]. 2022. [2021-8-10]. https://grants.nih.gov/grants/rppr/rppr_instruction_guide.pdf.

[75] Hwang L J, Pauloo R A, Carlen J. Assessing the impact of outreach through software citation for community software in geodynamics [J]. Computing in Science & Engineering, 2019, 22 (1): 16-25.

[76] Smith A M, Niemeyer K E, Katz D S, et al. Journal of Open Source Software (JOSS): Design and first-year review [J]. PeerJ Computer Science, 2018, 4: e147.

第 3 章　基于自扩展的软件实体智能识别研究

鉴于目前科学软件引用缺失严重且不规范的软件引用行为普遍存在，一些学者提出用学术论文全文中的软件使用频次来测度软件的学术影响力，这就需要先将软件从学术论文全文中识别出来。然而，软件在学术论文中的分布非常稀疏，依靠人工从学术论文全文中识别出软件实体非常耗时，难以实现多领域大规模的软件学术影响力研究。此外，软件在学术论文中的边界不清晰，提及软件的模式多变以及新软件的不断涌现使得传统的基于规则的方法也难以完成多领域大规模的软件识别任务。同时，需要大量人工标注数据训练模型的有监督的机器学习方法（如隐马尔可夫模型、条件随机场等）也存在耗时长的缺点，不适合用来处理多领域大规模的软件识别任务。因此，本章借鉴前人提出的自扩展的实体抽取方法的主体思想，提出改进的自扩展的软件实体自动抽取算法，以准确地从学术论文全文本数据中自动识别出软件实体。

3.1　研究动机与研究设计

3.1.1　研究动机

虽然可以采用问卷调查和访谈等定性研究方法来研究软件的学术影响力，但是这些方法一方面会给研究工作繁重的科学家增加额外负担，另一方面受经费和精力所限，这些方法调查的范围一般比较窄，样本量一般也较小。长久以来，引用分析被广泛用于科学活动的定量评价。引用建立了一个学术交流渠道并在此基础之上形成了科研奖励体系[1-2]。在该系统中，被引次数用来测度出版物和科学家的学术影响力。软件也是科研成果的一种，被引次数似乎也可以用来测度软件的学术影响力。然而对科学数据在学术论文中的被引研究发现，大多科学数据在科技论文中只被提及而没有获得正式引用[3-4]。软件在科技论文中的地位与科学数据在科技论文中的地位相当，软件在科技论文中的被引情况与科学数据的被引情况类似。一项对生物学科技论文中的软件引用情况的调查发现，相当多的科学家仅在论文中提及软件而不是引用软件[5]。本章采用内容分析法对图书情报学领域和 PLoS One 的学术论文中的软件使用和引用情况进行的调查发现：①软件引用缺失严重；②软件实体稀疏分布于学术论文中，人工将其从论文中识别出来非常耗时。在软件引用可能严重缺失的情况下，用基于全文的软件使用代替软件被引来测度软件的学术影响力应该更为合理。要统计分析基于全文的软件使用情况就需要先把软件实体从学术论文全文中识别出来。软件实体在科技论文中分布非常稀疏，人工识别科技论文中的软件非常耗时。要研究大规模多学科学术论文中的软件使用和引用情况，仅依靠人工识别软件是难以实现的。因此，有必要构建并实现一个能够从学术论文全文数据中自动识别出软件实体的系统。

3.1.2 研究设计

实体抽取，也被称为命名实体识别，是信息抽取领域的一项重要的基本任务。实体抽取技术是信息检索、事件检测、语义网络、查询分类、问答系统、机器翻译等多种自然语言处理技术必不可少的组成部分。信息爆炸式的增长彰显了实体抽取的价值。学术界对实体抽取有诸多研究，成果丰硕。工业界也对实体抽取寄予厚望，产品众多。按照主要技术方法可以将实体抽取分为基于规则的方法、基于机器学习的方法（也叫基于统计的方法）、二者混合的方法三种[6]。虽然近年来学术界普遍使用基于机器学习的方法和二者混合的方法抽取实体，但是工业界更偏爱以可解释、易于实现、易于融合领域知识、易于修正错误见长的基于规则的方法，该方法在商用领域依然占据主导地位[7]。此外，已有研究表明基于规则的实体抽取方法在诸如法律、医学等特定领域的实现效果要优于最先进的机器学习方法[8-9]。此外，构建有监督的机器学习系统需要人工标注足够的数据来训练模型，而人工标注数据非常耗时。由于软件实体在科技论文中的分布极为稀疏，有监督的机器学习方法耗时的缺点在软件实体抽取研究中更为明显。

Riloff 的研究团队提出的自扩展的基于规则的实体抽取方法不仅具有基于规则的实体抽取方法的可解释、易于实现、易于融合领域知识、易于修正错误等优点，而且输入只需要少量种子词或是种子模式和未标注文本，无需大量的人工标注[10-11]。这是一种弱监督的学习方法，其主体思想是通过生成实体周围的模式来定义规则，根据模式抽取更多正例更少负例的能力来给模式打分，高得分的模式被用来抽取候选实体，再对抽取出来的候选实体进行打分，高得分的候选实体加入词典并被用来生成更多的候选模式（candidate patterns）。模式和实体的评分机制决定了自扩展抽取方法的有效性，因为一个模式只有获得了高分才能被选为候选模式，被这些候选模式抽取出来的实体才能成为候选实体，满足一定条件的候选实体才被认定为正例。为了提高实体抽取的准确率，学者们设计出几个测度指标，如模式精度和模式信度，来过滤抽取出来的模式和实体[12]。然而，在小数据集上删除小于一定阈值的模式则可能导致实体抽取的低召回率。Gupta 和 Manning[13]认为现存的自扩展实体抽取系统的模式评分机制不能很好地区分出优劣模式，因为现有的模式评分机制不是忽略未标注实体就是假设未标注实体为负例。他们对一个未标注实体属于负例的概率进行预判，然后将此概率用于计算模式得分。例如，现在要从文本中抽取动物实体，给出的种子词是"dog"，待抽取文本为"I own a cat named Fluffy. I run with my pet dog. I also nap with my pet cat. I own a car."，模式 1 为"my pet"，该模式抽取出正例"dog"、未标注实体"cat"，模式 2 为"own a"，该模式抽取出正例"dog"，未标注实体"car"。按照现有自扩展系统的打分方法，即正例/（正例+未标注实体），这两个模式得分都为 0.5。按照 Gupta 和 Manning[13]提出的方法对未标注实体"cat"和"car"的标签进行预测发现，"cat"比"car"与"dog"更相似，"cat"更有可能是动物实体，他们据此给模式 1 打更高的分数。实验表明，对未标注词的预判可以提高自扩展方法的性能。他们提出的模式评分机制可以合理地将模式按照其抽取更多正例更少负例的性能排序。但是他们的实体抽取系统需要借助外部的领域词典，并且他们的系统将那些高得分模式抽取出来的实体全部默认为正确实体，无法从中识别出错误实体。因为设计出来的软件自动抽取系统将用于从不同学科领域的期刊论文中抽取软件，所以无从准备专业的领域词典。基于此，本章尝试利用软件实体的属性特征和其所在上下文环境对未标注实体属于负例的概率进行预判，不需要借助专业的领域词典。如果一些候选模式在抽取出许多正例的同时也抽取出数量可观的负例，这些候选模式因抽取出许多正例而获得高分，进而进入学习出的模式列表，到系统循环结束时，这些模式抽取出来的负例最终也会被当作正例进入到学习到的实体列表。本章使用模式精度参数和软件实体特征对既抽取出许多正例也抽取出一定量负例的模式抽取出来的未标注实体进行过滤。我们将一个模式抽取出的正例数与该模式抽取出的正负例之和的比例作为该模式的模式精度；不是将模式精度小于阈值的模式直接删除，而是对这些模式抽取出来的未标注实体依据其属于负例的概率进行筛选；将属于负例的概率大于阈值的未标注实体从未标注实体列表移到负例实体列表。这样的话，既不会损失这些模式抽取出的正例，也阻止了这些模式抽取出的负例进入正例列表。

根据上述设想并借鉴前人的算法设计，本章提出了一个改进了的自扩展的软件实体自动抽取算法，该算法可以从多学科领域文本中自动抽取出软件实体。为了检验该算法的性能，研究人员根据该算法构建并实现了一个自扩展的软件实体自动抽取系统。与此同时，构建并实现两个参照系统。为集中比较模式和实体的评分机制，参照系统和构建的自动抽取系统采用相同的方式标注文本、生成模式，只有模式和实体的打分方法不同。将综合性开源期刊 PLoS One 上的论文从网络上下载下来并进行预处理，预处理后的期刊论文以文本形式存储，这些处理后的论文文本数据作为测试数据集。选择 PLoS One 期刊作为数据源，一方面是因为该期刊是开源期刊，可以免费获取期刊全文数据，容易实现自动化获取期刊文本数据；另一方面是因为该期刊是综合性期刊，该期刊上不仅有科学、技术、工程和数学领域的学术论文，还有社会科学和人文科学领域的研究成果，这样的数据源可以满足将来对多学科领域科技论文中的软件使用和引用情况进行研究的需求。两个编码员对测试数据进行标注，他们识别出来的软件实体作为黄金标准（gold standard）。最后，将本章提出的软件实体抽取系统和参考系统从测试数据中抽取出来的软件实体与黄金标准进行比较，使用准确率（precision）、召回率（recall）和调和平均值 F_1 值（F_1 score）三个指标来评测软件实体抽取系统的性能。

3.2 数据与方法

3.2.1 数据来源

本章选择综合性的开源期刊 PLoS One 上的论文为实验数据来源。PLoS One 上不仅有科学、技术、工程和数学领域的学术论文，还有社会科学和人文科学领域的研究成果。PubMed Central 开放存取子集[①]为 PLoS One 提供了访问接口，公众可以免费获取该期刊的论文全文数据。研究人员编写了一个程序用以自动下载 PLoS One 上发表的论文全文数据。通过对该期刊的论文进行软件实体标注发现，大部分软件实体出现在方法部分（methods/methodology sections），因此选择论文的方法部分作为研究的数据集，共有如下两个数据集。

第一个数据集用来构建特征词列表。PLoS One 2014 年 8 月 10 日发表的 174 篇论文的方法部分被抽取出来作为第一个数据集。首先使用斯坦福大学自然语言处理组开发的自然语言处理工具 CoreNLP 对该数据集进行处理[14]，共得到 10 020 句。基于该数据集，人工构建了一个正特征词词表（共有 6 个词，即 package、program、software、tool、toolbox 和 toolkit）和一个负特征词词表（共有 51 个词，如 algorithm、method、module、microscope 等）。系统将对那些与正特征

[①] http://www.ncbi.nlm.nih.gov/pmc/tools/openftlist/.

词共现的实体 e 给予奖励，赋予其较高的 FtrScore(e) 值；对那些与负特征词共现的实体 e 给予惩罚，赋予较低的 FtrScore(e) 值。FtrScore(e) 被用来测度系统识别出的实体 e 是软件的概率。

第二个数据集是用来测评研究提出的软件实体识别算法性能的测试集。这个数据集包括发表在 2014 年 1 月 5 日~1 月 12 日的 386 篇论文的方法部分，共有 20 910 句。表 3-1 汇总了这两个数据集的基本情况。

表 3-1　数据集的基本情况

数据集	出版日期（年-月-日）	论文数（篇）	句子数（句）	单词数（个）
构建特征词词表的数据集	2014-8-10	174	10 020	228 040
系统测试数据集	2014-1-5 ~ 2014-1-12	386	20 910	465 842

注：论文数是指被下载下来且有方法部分的论文；单词数不包括那些包含非字母数字字符的词。

为评估研究提出的软件实体抽取系统的性能，两个编码员分别对用于构建特征词词表的 174 篇论文里的 62 篇论文进行标注。用科恩卡帕指标来测量评分者信度。卡帕值为 0.82，说明两个编码员标注软件具有较好的一致性[15]。在这样的标注一致性的条件下，两位编码员分别标注测试数据集中的 193 篇论文，并将人工识别出来的 470 个实体作为评测的黄金标准。

3.2.2　基于自扩展的软件实体识别算法

本章提出了一种改进的自扩展的软件实体抽取算法。只要输入少许软件实体种子词和待抽取的文本数据，该算法就可以从全文本数据中抽取出软件实体，算法流程见图 3-1。算法包括以下步骤。

（1）在文本中标注种子词或是学习出来的软件实体。种子词被用在第一次迭代中，学习出来的软件实体被用在其他次循环迭代中。

（2）在第一次迭代中生成种子词的上下文模式，在其他次迭代中生成学习出来的新软件实体的上下文模式。

（3）给这些生成的上下文模式打分并按得分由高到低排序，前 N 个模式入选为学习出来的模式。

（4）用学习出来的模式从文本中抽取软件实体作为候选软件实体。

（5）给候选软件实体打分并按得分由高到低排序，前 M 个候选实体入选为学习出来的软件实体。

（6）返回第一步，直到达到设定的迭代次数或是系统不能学习出新软件实体为止。

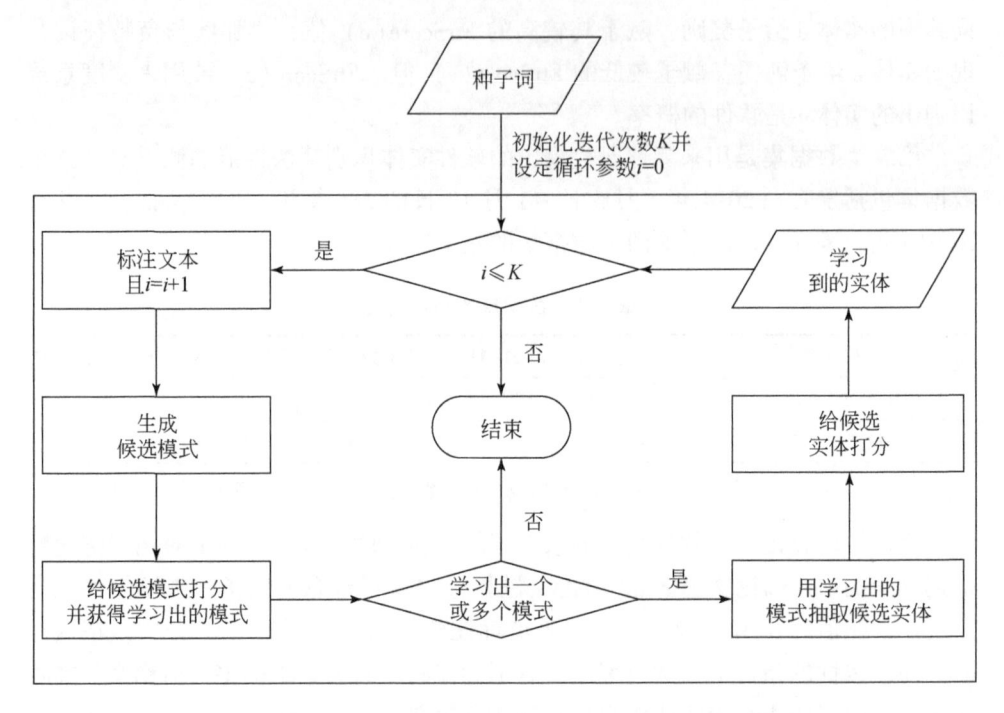

图 3-1 基于全文本数据的自扩展的软件实体自动识别算法

首先，对原始文本进行预处理并给定 L 个种子词，再用种子词来标注预处理后的文本。为了提高文本标注的准确性，系统将种子词或学习到的词与文本进行匹配时在不同情况下做了不同程度的限定。当种子词或学习到的词含有大写字母，那么就要求匹配上的词至少包含一个大写字母或者该词的上下文包含正特征词。正特征词（positive trigger words）是指那些经常与目标词共现的词。实验中使用的正特征词包括 package、program、software、tool、toolbox 和 toolkit 这 6 个词。如果种子词或学习到的词不含有大写字母，那么对匹配上的词则没有必须含有大写或小写字母的要求。例如，给定的种子词是"SPSS"，待标注的原始文本是"Data were analyzed using SPSS 15.0 (SPSS Inc., Chicago, IL, USA) software package"，那么预处理之后的文本就变为"Data were analyzed using SPSS 15.0 software package"。接着标注预处理后的文本，即在目标词的前后分别添加标签<software>和</software>，标注后的文本变为"Data were analyzed using <software> SPSS 15.0 </software> software package"。需要指出的是，预处理文本时系统将括号及括号内的内容去除，这是因为括号里的内容往往是对上文的解释，将其从文本去除大多不会影响文本内容表述，而且这些内容生成的模式识别目标词的性能较差。

然后利用被标注的文本生成候选模式。分别抽取标签<software>的左上文（2到4个tokens）和</software>的右下文（2到4个tokens）并对它们作词形还原处理，处理后生成左模式（left patterns）和右模式（right patterns）。美国斯坦福大学的自然语言处理工具CoreNLP被用来给文本做分词和词形还原处理。<software>左边的第一个token和</software>右边的第一个token也被抽取出来并作词形还原处理，如果这两个token中的一个或两个来自于正特征词词表，那么词形还原后的这两个token组成中间模式（middle pattern）。大多数先前的研究不包含自扩展过程中的中间模式。然而，我们的初步实验显示，中间模式的贡献不应被忽视。值得注意的是，一些模式因为包括一个（如"be use"）、两个（如"be use to"）或三个（如"and it be use"）来自停用词表单词（如be，for，of）的模式被丢弃，停用词表来自斯坦福大学的SPIED系统。以上文中"Data were analyzed using <software> SPSS 15.0 </software> software package"为例，系统生成以下模式：左模式"analyze use <>"，"be analyze use <>"和"datum be analyze use <>"；右模式"<> software package"；中间模式"use <> software"。

模式分数和实体分数的计算决定了自扩展算法的效能。那些能够识别出更多正实体（positive entities）更少负实体（negative entities）的性能好的模式只有比那些性能差的模式获得更高的分数才能入选为学习到的模式。这些学习到的模式识别出来的实体被当作是候选实体。只有那些获得更高分数的候选实体才能被选为学习到的实体。由此可见，模式分数和实体分数的计算方法要确保性能好的模式获得更高的分数和正的未标注实体获得更高的分数，这样才能使得自扩展算法学习出更多的正实体更少的负实体。下面给出一个从文本中抽取动物实体的示例。

假定两个候选模式"have a cute"和"play with my pet"都抽取出正实体"dog"，现用候选模式从未标注文本"I have a cute car. I also have a cute dog. I play with my pet dog. I also play with my pet cat. My brothers also play with my pet rabbit."中抽取未标注实体。模式"have a cute"抽取出来的未标注实体为"car"，正实体为"dog"；模式"play with my pet"抽取出来的未标注实体为"cat"和"rabbit"，正实体为"dog"。在这种情况下，好的模式分数算法就能够选出较优的模式"play with my pet"，然后再给该模式识别出来的未标注实体"cat"和"rabbit"打分，将得分高的实体标注为正实体（也称为学习到的实体）。

研究模式分数的计算采用如下公式，即

$$\text{PanScore}(\text{pattern}_i) = \frac{\#\text{POS}_i}{\#\text{POS}_i + \#\text{NEG}_i + \sum_{e \in U_i}(1-\text{FtrScore}(e))} \log_2^{\#\text{POS}_i} \quad (3\text{-}1)$$

式中，#POS$_i$和#NEG$_i$为pattern$_i$抽取出来的正实体和负实体的个数；U_i为pattern$_i$抽取出来的未标注实体。一个模式如果能够抽取出更多的正实体更少的负实体，或是更多高分值的 FtrScore(e)，那么它就能够获得一个较高的分数。FtrScore(e)是一个根据未标注实体e的上下文预测其是软件的概率函数，简称为实体e的特征权重，该函数的定义在下文中给出。现有的自扩展系统对候选模式进行打分要么忽略未标注实体，要么假定未标注实体为负实体。然而，这些打分机制不能区分识别较多正的未标注实体的模式和较多负的未标注实体的模式。Gupta 和 Manning[13]的研究发现，预测未标注实体的标签能够提高模式打分的效能。以上文中的动物实体识别为例，模式"have a cute"识别出1个正实体"dog"和1个未标注实体"car"，模式"play with my pet"识别出1个正实体"dog"和2个未标注实体"cat"及"rabbit"，假定两个模式识别出的负实体个数为0。在这种情况下，如果忽略未标注实体且模式得分按照公式正实体/(正实体+负实体)计算的话，那么两个模式得分一样；如果将未标注实体设定为负实体且模式得分按照公式正实体/(正实体+负实体+未标注实体)计算的话，模式"have a cute"得分为1/2，模式"play with my pet"得分为1/3，模式"have a cute"得分较高。但是如果系统根据 FtrScore(e) 预测出"car"是动物的概率较低（设为0.2），而"cat"和"rabbit"是动物的概率较高（设为0.8），那么按照公式正实体/(正实体+负实体+$\sum_{e \in U}$(1−FtrScore(e)))计算，模式"have a cute"得分为1/1.8，模式"play with my pet"得分为1/1.4，模式"play with my pet"得分较高。Yangarber 等[12]使用模式精度测量指标#POS$_i$/(#POS$_i$+#NEG$_i$) 来过滤模式，精度小于阈值的模式被删除。虽然他们的实验结果显示该操作可以提高算法效能，但是可以预知那些既可以识别出很多正实体，又可以抽取出一定数量负实体的模式就很可能因为模式精度小于阈值而被删除，这就意味着这些模式能够识别出来的所有正实体也就随之被删除，造成的损失可能较为严重。因此，对这些精度低于阈值的模式不是将其从候选模式中直接删除，而是对其识别出来的未识别实体e的标签进行预判，即计算e的 FtrScore(e) 值。当未识别实体e符合下面两种情况时，系统就将e的标签预判为负实体：①当未识别实体e的名称只有一个单词时，该单词不是名词或是来自常用词词表，那么将其标签改为负实体；②当 FtrScore(e) 小于一定的值（本章研究实验设定为0.5），就认为实体e是负实体，将其从未识别实体列表中移到负实体列表中。研究实验中将模式精度的阈值设为0.6。

下面介绍一下未标注实体e的标签预测函数 FtrScore(e) 的计算方法。鉴于多数软件实体含有一个或多个大写字母、软件实体后面常常有版本号出现、软件实体的上下文往往有特征词出现，系统利用软件的文本特征计算其 FtrScore(e)。

如果一个未标注实体含有大写字母,那么实体的第一个特征(UppercaseLetter)赋值为1;若是不含有大写字母,那么这个特征赋小于1的值(在实验中赋值为0.6)。第二个特征(VersionNumber)是关于版本号的:如果一个软件实体后面出现版本号,那么它的 VersionNumber 赋值为1;否则的话,给该特征赋予小于1的值(在实验中赋值0.2)。第三个和第四个特征(LeftTrigger and RightTrigger)是关于是否出现特征词的:如果一个实体的左上文(第三个特征)或右下文(第四个特征)出现了正特征词(如 software、package 等),则 LeftTrigger 或 RightTrigger 赋值为1;如果它的左上文(第三个特征)或右下文(第四个特征)出现了负特征词(如 algorithm、spectrometer 等),则 LeftTrigger 或 RightTrigger 赋值为-0.4;否则的话,LeftTrigger 和 RightTrigger 赋值为0.2。上述四个特征的赋值用到了常用词词表、正特征词词表和负特征词词表三个词表。常用词词表是从美国当代英语语料库[①]中下载下来的,用以提高系统速度,因为软件实体是特殊名称,不太可能以常用词命名。正特征词词表和负特征词词表均由人工构建:正特征词是指那些常与软件实体共现的词,实验中使用的正特征词包括 package、program、software、tool、toolbox 和 toolkit 这6个词;负特征词是指那些常常被当作软件实体识别出来的非软件实体词,实验中用的负特征词包括 algorithm、method 等51个词。系统中如不加入负特征词词表进行过滤的话,系统性能会略有下降。这在一定程度上证实了系统同时识别多个类比一次识别一个类效果要好[10]。系统通过实体 e 的4个特征的平均值来计算其 FtrScore(e) 值,该值随着实体 e 的上下文环境的变化而变化,计算公式为

$$\mathrm{FtrScore}(e) = \frac{\mathrm{UppercaseLetter+VersionNumber+LeftTrigger+RightTrigger}}{4} \quad (3\text{-}2)$$

以"Data were analyzed using SPSS 15.0 software package"中的实体 SPSS 为例,第一个特征 UppercaseLetter=1;第二个特征 VersionNumber=1;第三个特征 LeftTrigger=0.2;第四个特征 RightTrigger=1;FtrScore(SPSS)=(1+1+0.2+1)/4。

软件实体的分数用下面的公式来计算,即

$$\mathrm{EntScore}(\mathrm{entity}_i) = \frac{\sum_{j=1}^{\#\mathrm{pattern}_i}[\mathrm{PanScore}(\mathrm{pattern}_j)]}{\#\mathrm{pattern}_i} \mathrm{FtrScore}(\mathrm{entity}_i) \quad (3\text{-}3)$$

式中,#pattern$_i$ 为抽取出软件实体 entity$_i$ 的模式个数;PanScore(pattern$_j$) 为 pattern$_j$ 的模式分数。FtrScore(entity$_i$) 为 entity$_i$ 的特征权重。一个实体如果被更多个高分模式识别出来的话,那么它的得分就越高,也就意味着它更有可能是正实体。表 3-2

---

① http://www.wordfrequency.info/top5000.asp.

给出了系统预处理文本、生成模式和计算实体特征权重 FtrScore(e) 的示例。

表 3-2 系统预处理文本、生成模式和特征权重示例

名称	示例
种子实体	SPSS
原始文本	Data were analyzed using SPSS 15.0 (SPSS Inc., Chicago, IL, USA) software package
预处理文本	Data were analyzed using SPSS 15.0 software package
标注文本	Data wereanalyzed using <software> SPSS 15.0 </software> software package
生成模式	Left patterns: analyze use <>, be analyze use <>, datum be analyze use <> Right pattern: <> software package Middle pattern: use <> software
实体特征	UppercaseLetter=1; VersionNumber=1; LeftTrigger=0.2; RightTrigger=1
FtrScore(SPSS)	FtrScore(SPSS) = (1+1+0.2+1)/4 = 0.8

用学习到的模式从全文本中抽取软件实体操作如下。当待查找文本与左模式匹配成功之后，若是模式后面的第一个词不含有大写字母，则将该词抽取出来待进一步验证，满足限定条件的进入未标注实体列表；若是模式后面的第一个词含有大写字母，那么继续向后取词，直到取的词不含有大写字母，如果总共取的词少于6个，那么将取出的词串视为一个软件实体，将其添加到未标注实体列表。右模式的抽取方式与此类似，不同的是从模式的左上文中抽取。例如，用学习到的左模式"be perform use <>"来与句子"Processing of images was performed using Image J"相匹配："Image J"作为未标注实体被抽取出来，因为模式之后的两个词"Image"和"J"都含有大写字母。若是模式后的第一个词不含有大写字母，那么只抽取出第一个词，如果这个词不是来自常用词词表的词且这个词的上下文还有正特征词或版本号，则将这个词添加到未标注实体列表中。当用中间模式进行匹配时，系统则要求目标词含有大写字母。如果模式抽取出来的是单个词的话，那么系统要求这个词是名词且含有三个或三个以上的字符。本研究提出的自扩展的实体识别系统不仅可以识别出单个词的软件实体也可以识别出短语形式的软件实体。

3.3 实　　验

3.3.1 参照算法

本章以犹他大学 Thelen 和 Riloff[11] 提出的实体识别算法 Basilisk、纽约大学

Yangarber 等[12]提出实体识别算法 NOMEN 和斯坦福大学 Gupta 和 Manning[13]提出的实体识别算法 SPIED 作为参照算法。因为模式分数的计算方法和实体分数的计算方法直接影响这些实体识别算法的效能,为了集中比较模式打分机制和实体打分机制,将 Basilisk 和 NOMEN 算法中原来的文本标注和实体识别方式改成研究中提出的算法所用的文本标注和实体识别方式。对于 SPIED 算法,斯坦福大学提供集成的软件系统,没有对其做修改,这是因为该算法需要外部的领域词典,而研究所要抽取的文本数据来自多个学科领域,软件稀疏分布于这些领域之中,无相关的领域词典可提供给该系统。参照算法和研究提出的算法的实验参数设置相同:每一次迭代最多抽取出 5 个实体,每一次迭代最多挑选出 5 个模式。需要说明的是,下文中使用到的#POS$_i$、#NEG$_i$ 和#UNL$_i$ 分别表示 pattern$_i$ 识别出来的正实体个数、负实体个数和未标注实体个数。

  Basilisk 算法是一个自动生成语义词典的弱监督自扩展算法。该算法的输入是一个未标注的语料库和人工为每个类定义的少量种子词。Thelen 和 Riloff 给语料库的词做词频统计,人工给每个类选取出现频次最高的 10 个词作为种子词。本书研究是按照人工标注出来的软件实体出现的频次由高到低将软件实体排序,排名前 10 的软件实体被选为种子词。在算法开始迭代之前,他们先在语料库上运行一个模式学习器,为语料库中出现的每一个名词生成一个抽取模式。同时,该学习器为名词指出句法角色:主语、直接宾语和介词宾语。例如,可能抽取出人物的三种模式为:"<subject> was arrested""murdered <direct_object>"和"collaborated with <pp_object>"。在为每一个模式记下其所抽取出的名词之后开始 Basilisk 算法的迭代循环过程。首先系统依据模式抽取出已知类别实体的能力来给模式打分,模式的分数采用下面的公式来计算

$$\text{RlogF}(\text{pattern}_i) = \frac{\#POS_i}{\#POS_i + \#NEG_i + \#UNL_i} \log_2^{(\#POS_i)} \tag{3-4}$$

式中,#POS$_i$ 为 pattern$_i$ 抽取出来的所有正实体个数;#POS$_i$ + #NEG$_i$ + #UNL$_i$ 为 pattern$_i$ 抽取出来的所有名词个数。从上面的公式可以看出,RlogF(pattern$_i$)是一个加权的条件概率,如果一个模式抽取出的正实体个数占其抽取出的所有实体的比重越大,或是抽取出的正实体占中等比例但是抽取出大量正实体,那么该模式就可以获得高分。高得分的模式添加到学习到的模式列表中并用它们来抽取实体,这些实体被添加到候选实体列表。系统采用下面的公式来计算候选实体的分数

$$\text{AvgLog}(\text{entity}_i) = \frac{\sum_{j=1}^{\#\text{pattern}_i} \log_2^{(\#POS_j+1)}}{\#\text{pattern}_i} \tag{3-5}$$

式中,#pattern$_i$ 为抽取出 entity$_i$ 的模式个数。高得分的候选实体被添加到学习到的

实体列表中。从 1700 个与恐怖主义有关的新闻文本语料中抽取建筑、事件、人物、地点、时间和武器的实验显示，该方法效果较好。此外，实验结果还显示同时抽取多类实体有助于控制自举过程（bootstrapping process）。

NOMEN 算法是一种从文本中学习广义名词（generalized names）的无监督算法。广义名词不同于传统的专有名词（proper names），其识别难度要大于专有名词。这是因为在英文文本中专有名词有大写的提示线索，而广义名词则没有该线索。此外，广义名词常常有多重修饰语。这使得广义名词范围的界定比专有名词的界定要难。虽然广义名词的识别难度比较大，但是广义名词的识别具有十分重要的应用价值。NOMEN 算法首先对文本数据进行提纯、分词、词形还原和词性标注的预处理。学习过程是先给定种子词初始化系统，再对文本进行标注，后依据标注文本生成模式并进行模式匹配操作，再通过计算模式得分来筛选模式，然后用选中的模式来抽取实体，最后通过计算实体排名来筛选实体。该算法首先用模式精度来过滤掉那些抽取正实体比例较少的模式，模式精度用下面的公式来计算

$$\mathrm{acc}(\mathrm{pattern}_i) = \frac{\#\mathrm{POS}_i}{\#\mathrm{POS}_i + \#\mathrm{NEG}_i} \tag{3-6}$$

对模式精度大于阈值的模式进行打分，模式分数的计算公式如下

$$\mathrm{Score}(\mathrm{pattern}_i) = \mathrm{conf}(\mathrm{pattern}_i) \log(\mathrm{pattern}_i) \tag{3-7}$$

式中，$\mathrm{conf}(\mathrm{pattern}_i) = \#\mathrm{POS}_i / (\#\mathrm{POS}_i + \#\mathrm{NEG}_i + \#\mathrm{UNL}_i)$，该函数测度的是 $\mathrm{pattern}_i$ 的信度。该算法采用下面的公式来给每一类候选实体排序，即

$$\mathrm{Rank}(t) = 1 - \prod_{p \in C_t} (1 - \mathrm{conf}(p)) \tag{3-8}$$

式中，t 为候选实体类型；C_t 为抽出该实体的候选模式。该算法还作了以下两个限定来提高效能：一是将模式精度小于阈值的模式删除；二是将只被一个模式抽取出来的实体去除。

SPIED 算法的基本流程也是标注文本数据、生成模式、给模式打分并根据得分选择模式、用学习到的模式抽取候选实体、给候选实体打分并根据得分选择实体，如此迭代下去直到不能学习出更多的模式和实体。但是该算法对模式的打分机制做了优化。在给模式打分时没有像前人那样将抽取出来的未标注实体直接忽略或是假定它们为负实体，而通过预测未标注实体的标签来提高模式评分的合理性，模式评分公式为

$$\mathrm{ps}(\mathrm{pattern}_i) = \frac{\#\mathrm{POS}_i}{\#\mathrm{NEG}_i + \sum_{e \in U_i}(1 - \mathrm{score}(e))} \log(\#\mathrm{POS}_i) \tag{3-9}$$

式中，U_i 为模式 $\mathrm{pattern}_i$ 抽取出来的未标注实体集，函数 $\mathrm{score}(e)$ 给出了未标注实体 e 是正实体的概率。如果 e 是一个常用词，那么 $\mathrm{score}(e)$ 分值为 0；否则，

将 e 的 5 个特征值的平均值作为 $score(e)$ 的值。该算法的作者以无监督的方式用这些特征来估计未标注实体与正实体更相似还是与负实体更相似。考虑到文本中含有非正式书面语，很多未标注实体有拼写错误，也有很多未标注实体是标注实体的变形，因此用两个基于编辑距离的特征来预测未标注实体的标签：一个是测度与正实体的编辑距离（edit distance from positive entities，EDP）；另外一个是测度与负实体的编辑距离（edit distance from negative entities，EDN）。考虑到一些未标注实体是词典短语的子串但是并不属于该词典类。例如，学习药物实体时，正实体词典中可能含有"asthma meds"（哮喘药），但是"asthma"（哮喘）是负实体且有可能以"asthma disease"（哮喘病）的形式出现在负实体词典中。为了预测这些词典短语子串实体的标签，他们使用语义比值比（semantic odds ratio）来学习实体。假设现有一个实体 e，要计算它的语义比值比，首先他们计算 e 在正实体词表中的频次与带有拉普拉斯平滑的该实体在负实体词表中的频次的比值；然后使用 softmax 函数标准化该比值。根据上述计算方法计算出候选模式抽取出来的所有未标注实体的比值，再使用最小-最大函数将这些比值作标准化处理，将值缩放到 0~1。考虑到在特定领域，那些在通用文本中常见的未标注实体是负实体的可能性更大，他们计算实体 e 在数据集里经过缩放的频次与其在 Google Ngrams 中的频次的比例。设置缩放因子是为了平衡两个频次，它通过计算数据集中的所有短语与 Google Ngrams 中的所有短语的比例来获得。当然，也需要对所有候选实体的此特征值做标准化处理。由于上述 4 个特征都没有考虑实体的上下文，故用第 5 个特征来探索实体的分布相似性，用分布相似性可以将有相似上下文的词聚集到一起。那些与正实体聚集在一起的未标注词获得的分数比那些与负实体聚集在一起的未标注词的得分要高。将一个实体 e 所获得的 5 个特征的特征值取平均值之后作为它的 $score(e)$ 的值。使用学习到的模式从自由文本中抽取候选实体，先将常用词、负实体和含有非字母数据符号的实体从候选实体集中删除，然后对剩下的候选实体打分，得分高的候选实体入选为正实体。对实体的打分除了用到上述的五大实体特征，还用到测度实体被多少高得分模式抽取的特征以及测度实体在专业领域还是在通用领域更流行的特征，取这些特征值的平均值作为实体的得分。SPIED 算法使用负实体词典和 Google Ngrams 等来预测未标注实体的标签。然而，对本章研究而言负实体词典难以获得，因为本章研究的数据集来自多学科领域。此外，对于 Google Ngram 这个比较每一个实体在数据集中的频次与其在 Google Ngrams 中的频次的特征，在本章研究中可能不能有效地预测未标注实体的标签，因为软件在期刊论文中分布非常稀疏。

3.3.2 评估指标

本章使用准确率（precision）、召回率（recall）和调和平均值 F_1 值（F_1 score）这三个指标来评测本研究提出的实体抽取算法和参照算法的性能。准确率用来测度实体抽取算法的准确性；召回率用来测度实体抽取算法的覆盖度；F_1 值同时测度了实体抽取算法的准确性和覆盖度。三个测度指标的计算公式如下

$$准确率(Precison) = \frac{抽取出来的软件实体数}{抽取出来的软件实体数+抽取出来的非软件实体数} \quad (3\text{-}10)$$

$$召回率(Recall) = \frac{抽取出来的软件实体数}{抽取出来的软件实体数+未被抽取出来的软件实体数} \quad (3\text{-}11)$$

$$调和平均值(F_1) = \frac{2 \cdot Precision \cdot Recall}{Precision+Recall} \quad (3\text{-}12)$$

3.3.3 实验结果

对于测试集，黄金标准包括470个软件实体。本章研究提出的算法、Basilisk 算法、NOMEN 算法和 SPIED 算法在迭代了80次之后，分别学习出197个、193个、70个和16个正确的软件实体。在80次迭代结束后，SPIED 的准确率 (0.04)、召回率 (0.03) 和 F_1 值 (0.04) 都是最低的，这部分归因于无领域词典可提供给该算法来预测未标注实体的标签。图 3-2 展示了本章研究提出的算法和参照算法的准确率–召回率曲线（precision-recall curves）。

如图 3-2 所示，本章提出的实体抽取算法的准确率和召回率都明显高于参照算法。本章提出的算法、Basilisk 算法和 NOMEN 算法在迭代结束时的召回率分别是 0.42、0.41 和 0.15。虽然 Basilisk 算法学习到的正确软件实体数目与本书提出的算法学习到的正确软件实体数目相当，但是它同时将很多非软件实体当成软件实体抽取出来（可以从图 3-2 中 Basilisk 的准确率的下降看出）。

表 3-3 显示了本章提出的算法和参照算法的 F_1 值。从表 3-3 可以看出，本章提出的实体抽取算法的性能要优于参照算法，循环迭代结束时 F_1 值达 0.58。

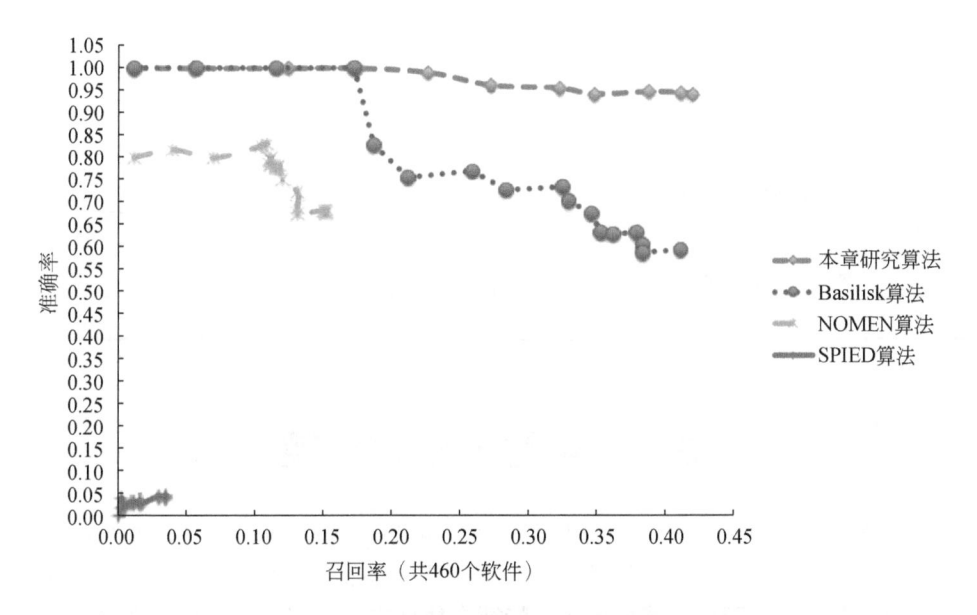

图 3-2　本章提出的算法与参照算法的准确率–召回率曲线

表 3-3　本章提出的算法和参照算法的 F_1 值

迭代次数	1	10	20	30	40	50	60	70	80
本书提出的算法	0.02	0.22	0.37	0.48	0.55	0.58	0.58	0.58	0.58
Basilisk 算法	0.02	0.21	0.31	0.39	0.45	0.46	0.46	0.47	0.49
NOMEN 算法	0.02	0.13	0.19	0.19	0.20	0.21	0.22	0.25	0.25
SPIED 算法	—	0.00	0.01	0.02	0.02	0.02	0.03	0.04	0.04

Basilisk 算法在整个迭代过程结束时将会把高得分模式抽取出来的所有未标注实体都添加到正实体列表中。然而，那些能够抽取出很多正实体和一些负实体的模式也会获得比较高的分数，这些负实体会随着其抽取模式入选为学习到的模式而进入到正实体列表。本章提出用目标实体的上下文特征预测其标签的方法来避免抽取出这些错误的目标实体。本章研究的实验结果证明，通过模式精度指标和实体特征来预测未标注实体的标签可以提高软件实体抽取的精度。将本章提出的算法学习出来的所有模式按照其识别出软件实体个数从高到低排序，排名前 10 的模式见表 3-4。

表 3-4 本章研究提出的算法学习出的识别出最多软件实体的排名前 10 的模式

排名	模式	识别出的软件个数	排名	模式	识别出的软件个数
1	use <> software	88	6	analysis be perform with <>	14
2	perform use <>	51	7	<> statistical software	11
3	be perform use <>	51	8	<> software be use	8
4	analysis be perform use <>	35	9	quantify use <>	8
5	analyze use <>	22	10	be calculate use <>	8

3.4 结论与未来展望

本章提出一种改进的自扩展方法，用于从 *PLoS One* 期刊论文全文数据中识别软件实体。该方法结合了是否出现大写字母、是否有版本号、左上文是否出现特征词和右下文是否出现特征词 4 个特征来估计未标注实体是软件的概率。研究发现，使用模式精度指标和实体特征来过滤未标注的实体可以提高算法性能。实验结果表明，本章提出的自扩展的软件实体识别算法性能优于参照算法（Basilisk 算法、NOMEN 算法和 SPIED 算法）。

研究的不足之处在于目前计算软件实体 e 的特征值 $FtrScore(e)$ 只考虑了是否出现大写字母、是否有版本号、左上文是否出现特征词和右下文是否出现特征词这 4 个特征，仅根据经验对这 4 个特征进行赋值，简单取 4 个特征值的平均值作为 $FtrScore(e)$ 的值。在未来研究中，可以将实体更多的特征考虑进去并用机器学习的方法来确定特征之间的权重分配，以提高 $FtrScore(e)$ 的有效性。

研究提出的自扩展的软件实体自动识别算法具有较高的准确率（循环迭代结束时准确率为 94%），召回率较低（循环迭代结束时召回率为 42%），提高算法召回率是今后的一个研究方向。此外，未来考虑将本研究提出的实体识别算法与基于机器学习的方法结合起来，形成混合型实体识别方法，以期能更好地从全文本数据中识别出软件实体。

用研究提出的软件实体自动识别方法从全文本语料中识别其他实体，如科学数据，是今后的另外一个研究方向。对于识别出来的实体除了可以做计量分析，还可以开展基于实体的知识发现研究，这些研究可以让我们充分了解不同科学实体之间是怎样相关联的，还可以帮助我们深入了解科学知识、创新、影响的产生和传播方式。

3.5 本章小结

本章首先介绍了研究动机，接着阐述了研究设计，然后详细介绍了研究提出的自扩展的软件实体自动识别算法，再构建并实现软件实体自动识别系统，最后用准备好的测试数据集和人工标注结果评测实现的软件实体识别系统。实验结果表明，研究提出的自扩展的软件实体自动识别算法可以有效地从 *PLoS One* 期刊论文全文本数据中自动识别出软件实体，该算法的性能要优于参照算法。该算法用是否出现大写字母、是否有版本号、左上文是否出现特征词和右下文是否出现特征词这四个特征来估计一个未标注实体是软件实体的概率。实验发现，使用模式精度指标和实体特征来过滤未标注实体可以提高算法性能。

参 考 文 献

[1] Cronin B. The citation process: The Role and Significance of Citations in Scientific Communication [M]. London: Taylor Graham, 1984.

[2] Merton R K. The Matthew effect in science: The reward and communication systems of science are considered [J]. Science, 1968, 159 (3810): 56-63.

[3] Belter C W. Measuring the value of research data: A citation analysis of oceanographic data sets [J]. PLoS One, 2014, 9 (3): e92590.

[4] Mooney H. Citing data sources in the social sciences: Do authors do it? [J]. Learned Publishing, 2011, 24 (2): 99-108.

[5] Howison J, Bullard J. Software in the scientific literature: Problems with seeing, finding, and using software mentioned in the biology literature [J]. Journal of the Association for Information Science and Technology, 2016, 67 (9): 2137-2155.

[6] 孙镇, 王惠临. 命名实体识别研究进展综述 [J]. 现代图书情报技术, 2010, (6): 42-47.

[7] Chiticariu L, Li Y, Reiss F. Rule-based information extraction is dead! long live rule-based information extraction systems! [C] //Proceedings of The 2013 Conference on Empirical Methods in Natural Language Processing. Seattle Association for Computational Linguistics, 2013: 827-832.

[8] Gupta S, MacLean D L, Heer J, et al. Induced lexico-syntactic patterns improve information extraction from online medical forums [J]. Journal of the American Medical Informatics Association, 2014, 21 (5): 902-909.

[9] Nallapati R, Manning C D. Legal doket-entry classification: Where machine learning stumbles [C] //Proceedings of Conference on Empirical Methods in Natural Language Processing. Honolulu: ACM, 2008: 438-446.

[10] Riloff E, Jones R. Learning dictionaries for information extraction by multi-level bootstrapping

[C] //Proceedings of the National Conference on Artificial Intelligence. Orlando: American Association for Artificial Intelligence, 1999: 474-479.
[11] Thelen M, Riloff E. A bootstrapping method for learning semantic lexicons using extraction pattern contexts [C] //Proceedings of the 2002 Conference on Empirical Methods in Natural Language Processing. Prague: ACM, 2002: 214-221.
[12] Yangarber R, Lin W, Grishman R. Unsupervised learning of generalized names [C] // Preceeding of the 19th International Conference on Computational Linguistics-Volume 1. Association for Computational Linguistics, 2002: 1-17.
[13] Gupta S, Manning C D. Improved pattern learning for bootstrapped entity extraction [C] // Proceedings of the 18th Conference on Computational Natural Language Learning. Baltimore: Association for Computational Linguistics, 2014: 98-108.
[14] Manning C D, Surdeanu M, Bauer J, et al. The Stanford CoreNLP natural language processing toolkit [C] //Proceedings of 52nd Annual Meeting of the Association for Computational Linguistics: System Demonstrations. Baltimore: Association for Computational Linguistics, 2014: 55-60.
[15] Landis J R, Koch G G. The measurement of observer agreement for categorical data [J]. Biometrics, 1977, 33 (1): 159-174.

第 4 章 基于深度学习的软件实体智能识别研究

本书第 3 章介绍的基于自适应的软件实体自动识别算法只需要输入少许软件实体种子词和待抽取的文本数据，就可以从全文本数据中自动抽取出软件实体，能够有效节省人力。但是该算法的召回率较低，算法性能仍有待提高。因此，本章引入深度学习相关模型，提出一种 SciBERT-BiLSTM-CRF-wordMixup 的软件实体自动识别算法，以更准确、高效地从全文本数据中识别出科学软件实体及其相关属性特征。

4.1 研究动机与研究设计

4.1.1 研究动机

目前通用领域的命名实体识别技术正快速发展，而科学软件实体识别领域的研究大多还处于通用模型尝试阶段。通过对已有相关研究的调查，笔者发现科学软件实体及其相关属性特征的识别与提取工作大多基于人工识别或是基于规则提取。虽然基于人工的识别方法具有高度可靠的优点，但是十分耗费时间成本和人力成本。该方法通常适用于小规模样本或特定学科领域的软件识别研究，不能满足大样本量或多学科领域的软件识别研究需求。基于规则和词典的方法相较于人工识别能够节省人力，但是其可扩展性并不高。首先，规则的制定与词典的生成需要结合相关领域专家意见，通常而言规则和词典规模的扩大可以提高模型的识别准确率和召回率，但这给专家构建规则带来了更大负担；其次，不同研究领域制定的规则和词典往往难以被其他领域利用，其可扩展性受到限制。此外，对于科学软件实体识别领域而言，科学软件具有各种变形及缩写形式，且目前尚缺乏统一规范的软件提及标准，制定普适性的科学软件识别规则十分困难。

随着机器学习和深度学习技术的不断发展和应用的日益拓展，2015 年起便有学者尝试将机器学习和深度学习算法引入到科学软件实体识别领域。例如，Duck 等[1]将 CRF 模型用于识别数据库和科学软件提及任务中，严格匹配下 F 值达 0.58~0.63；Pan 等[2]提出一种基于 Bootstrapping 的软件识别算法，F 值达 0.58；Li 和 Yan[3]设计了一种包含字典的 R 包提及识别算法，F 值达 0.86。近年来，BiLSTM-CRF 也被一些学者用于科学软件实体识别任务[4-6]，也有学者将 BERT 与 CRF 相结合来识别科学软件[7]，其 F 值大多位于 0.6~0.8。

笔者通过调研还发现，与较为成熟的 NLP 研究领域相比，科学软件实体识别领域的数据可获得性不高，缺少复用性高的公开语料库。在极少数公开的语料库中，大多只关注 software 或 data 实体，缺乏对科学软件实体及其属性特征的细化和界定。同时，已有语料库大多基于生命科学领域的学术论文所构建，缺乏基于跨学科出版物构建的语料库。

鉴于此，本章致力于探究如何快速构建科学软件实体识别领域语料库以及如何更加准确、高效地识别出科学软件及其属性特征，为科学软件相关研究提供方法参考和数据支撑。

4.1.2 研究设计

本章研究的整体设计分为两部分：科学软件数据集构建和实体识别实验设计。其中，数据集构建模块主要包括标注工具及模式选择、实体标签定义和标注流程设计三个部分；实体识别实验模块设计主要包括实体识别模型选择和实体识别模型优化设计两个部分。

1. 数据集构建

1）标注工具及标注模式选择

语料库的构建是自然语言处理任务中的基础工作，标注好的数据才能输入到机器学习模型和深度学习模型中，使得模型理解其代表的信息[8]。而文本数据的标注需要合适的标注工具加以辅助，从而使得标注人员更加便捷、快速地完成相应语料文本的标注任务。因此，在进行本次研究的数据标注工作前，笔者先对现有的标注工具进行了分析与比较。表 4-1 给出的是学术研究中常用的六种文本标注工具。

表 4-1　NLP 领域常用的文本标注工具

标注工具	年份	适用系统	链接
Brat	2010	Linux	http://brat.nlplab.org
IEPY	2014	不限	https://github.com/machinalis/iepy
Prodigy	2017	不限	https://prodi.gy/docs/

续表

标注工具	年份	适用系统	链接
Doccano	2018	不限	https://github.com/doccano/doccano
Markup	—	不限	https://github.com/samueldobbie/markup
YEDDA	2016	不限	https://github.com/jiesutd/YEDDA

Brat平台是一个基于Web的文本标注工具，支持实体、关系、事件、属性等文本标注任务。由于Brat标注工具比其他标注工具出现年份更早，其被较多的文本标注任务所使用。除此以外，Brat可以在标注实体的同时进行关系标注，在构建知识图谱数据集的任务上具有一定优势。但值得注意的是，Brat工具所适用的操作系统局限于Linux系统。IEPY则是一个主要用于关系抽取的开源工具，同样具备基于Web的标注界面，并且加入了主动学习，辅助用户判断更有价值的例子。Prodigy在复查数据标注状态等方面功能更加齐全，但并不完全开源。Doccano可以用于情感分析、实体识别、文本摘要等标注任务。Markup则减少了配置方面的问题，可直接在线使用。YEDDA则可在文本之外对符号及表情符号等加以标注。本章研究选择的是Markup在线标注平台，主要是考虑其能够满足本次研究对于实体识别任务的标注需求，且同等情况下无需环境配置或本地安装，能够快速上手，操作体验较好。

同时，笔者了解到目前命名实体识别领域主要使用的序列标注模式通常分为BIO标注法、BIOES标注法、Markup标注法三种。BIO标注法是CoNLL-2003采用的标注法，其中B表示Begin，I表示Inside，O表示Outside，以"Tom Hanks is my name"为例，Tom的标注即为B-PER，Hanks的标注即为I-PER，其他三个词由于与所要提取的实体无关，因此皆标注为O。BIOES是在BIO的基础上扩展出的更为完备的标注法，除了BIO外，E表示这个词处于一个实体的结束，S表示这个词可以自己组成一个实体。而Markup则为OntoNotes项目所使用的标注方法，其使用标签把命名实体框起来，并在TYPE上设置相应的类型，如<ENAMEX TYPE="ORG">Disney</ENAMEX> is a global brand。本次研究中使用的标注方法为BIO标注法。

2）实体标签定义

目前学术界对科学软件的定义尚未明确，且存在软件与软件包、软件与平台插件等相近概念未明确区分的问题。Li等[9]便针对常用软件R及其软件包（package）的引用情况进行研究，分析发现R语言编程环境、特定的R包以及具体的单个函数的引用情况都有区别。在此背景下，本章研究主要参考Schindler等[10]的软件类别划分方法，将软件（software）划分为应用程序（application）、插件（plugin）、操作系统（operating system）、编程环境（programming environment）四大类别，具体划分标准如下。

应用程序（application）指的是为终端用户设计的独立程序，对应用程序的使用通常会产出数据或项目文件的结果，如 Excel、Stata 等。此外，Web 端的应用程序也包含在此类别中。

插件（plugin）指的是对于软件的扩充，而其本身不能单独存在使用。例如 ggplot2 是 R 的一个绘图扩展包，并不能脱离 R 这个平台单独成为一个软件工具。

操作系统（operating system）是一种特殊类型的软件，是用来管理计算机所有硬件且执行所有软件进程的软件。

编程环境（programming environment）指的是一个围绕编程语言构建的集成环境，用于设计程序或脚本，通常包括编译器和解释器，如 C 语言环境等。

除了对软件类型加以划分外，本章研究结合现有关于科学软件使用和提及情况的研究，并参考 Schindler 等[11]构建的语料库 SoMeSci，将软件提及类型划分为使用（usage）、提及（mention）、沉积（deposition）、创造（creation）四大类，具体解释如下。

使用（usage）指的是研究人员在对其研究过程中所使用的科学软件，如"本研究所有分析均使用 SPSS 软件完成"。

提及（mention）指的是研究人员在学术文章中提到软件名称，但实际并没有使用到当前研究中，如对一些软件进行比较时有所提及。

沉积（deposition）指的是研究人员在研究过程中根据自身研究需求，对软件进行了调整、优化或更新等工作。

创造（creation）指的是研究人员在研究过程中产出了新的软件，较可能出现于提出技术创新的学术文章中。

接着，本章研究对软件的属性特征进行定义。研究者在学术论文中提及科学软件时往往也会提及软件相关属性特征。为了进一步分析学术文章中的科学软件使用及引用情况，本章研究归纳出如下八种常见的属性特征：开发者（developer）、版本（version）、URL、引用信息（citation）、缩写（abbreviation）、别名（alternative name）、扩展信息（extension）和发布（release）。

结合本章研究所采取的 BIO 标注法以及上述标注类型定义，共产生 41 个标签（图 4-1）。其中应用程序（application）和插件（plugin）分别对应四种提及类型，即 application_usage、application_mention、application_deposition、application_creation、plugin_usage、plugin_mention、plugin_deposition、plugin_creation，而操作系统（operating system）和编程环境（programming environment）在实际情况中较少会出现沉积（deposition）以及创造（creation）类型，因而对

其设定为两种提及类型，即 operating system_mention 、operating system_usage、programming environment_mention、programming environment_usage。

```
应用程序(application)          application_usage              B-application_usage
插件(plugin)                   application_mention            I-application_usage
操作系统(operating system)      application_deposition         B-application_mention
编程环境(programming            application_creation           I-application_mention
environment)                   plugin_usage                   ......
                               plugin_mention                 B-developer
使用(usage)                    plugin_deposition              I-developer
提及(mention)                  plugin_creation                B-version
沉积(deposition)               operating system_mention       I-version
创造(creation)                 operating system_usage         B-URL
                               programming environment_mention I-URL
                               programming environment_usage  B-citation
开发者(developer)              developer                      I-citation
版本(version)                  version                        B-abbreviation
URL                            URL                            I-abbreviation
引用信息(citation)             citation                       ......
缩写(abbreviation)             abbreviation                   O
别名(alternative name)         alternative name
扩展信息(extension)            extension
发布(release)                  release
```

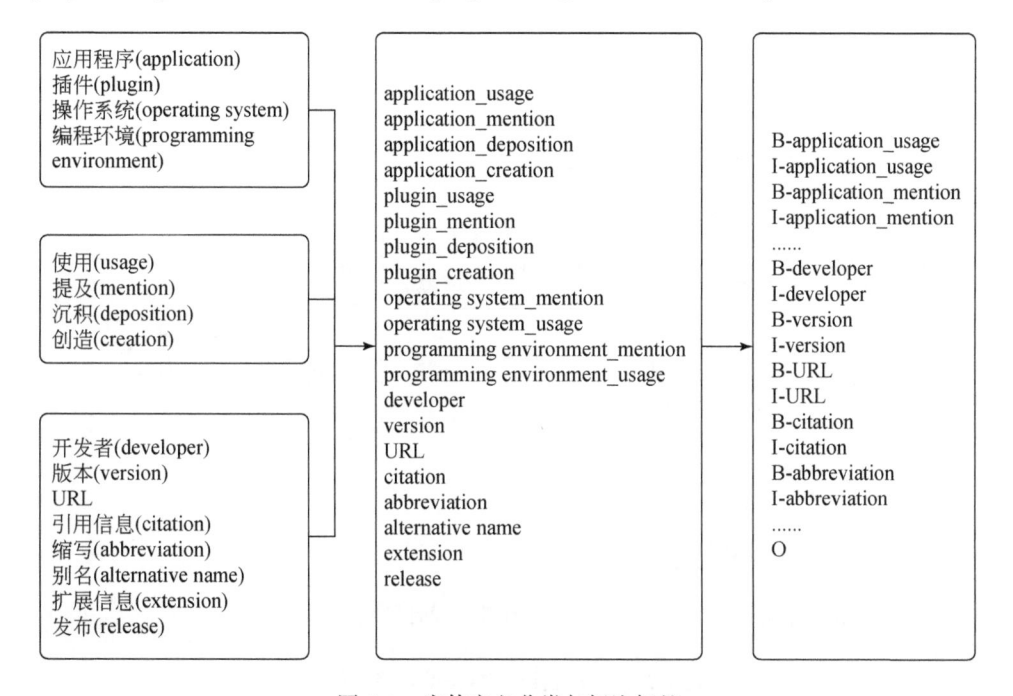

图 4-1　实体定义分类与标注标签

3）标注流程设计

本章研究为节省标注人力及标注时间，设计了一种基于小型知识库的程序辅助标注流程方案（图4-2）。需要说明的是，该标注方案中的知识库概念并非目前学术界广泛使用的知识库概念（即提供知识服务的人工智能系统[12-13]或是以描述型方法存储和管理知识的机构[14]），而是采用了狭义的知识库定义，即一个知识合集[15]，后续可随着标注语料的不断扩充对知识进行增补。

在整个标注流程方案中，笔者首先对科学软件实体识别领域的公开数据集以及前期相关实验产生的数据集进行收集，并编写程序对已标注的软件及其相关信息等众多实体进行合并去重。其次，将相应实体与参考标注类型进行关联，形成"详例-类型"。并且，笔者针对科学软件实体信息，筛选生成了"名称-类型"的标注知识，其中类型顺序按照标注频次降序排列，"类型1"表示该科学软件被标注为该类型的频次最多，标注时可优先考虑选择此类型。经过此步骤处理，得到：①865个消歧后的科学软件实体名称；②1364个包含开发者等信息的标注参考数据；③621个聚焦于科学软件"名称-类型"的标注参考数据（表4-2）。

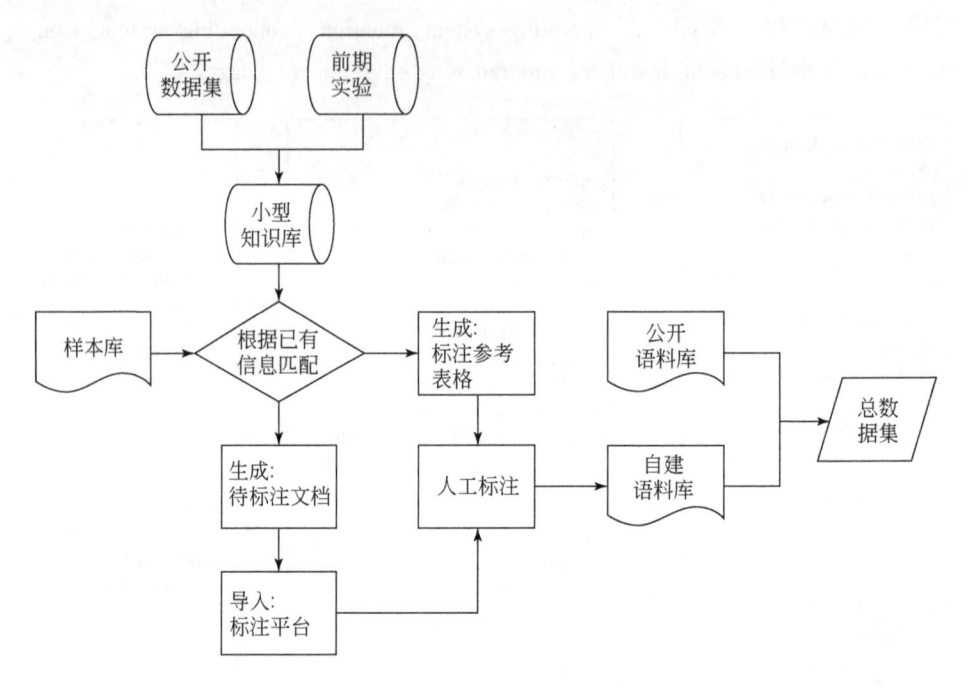

图 4-2　标注流程设计图

表 4-2　科学软件名称–类型参考示例表

名称	类型1	名称	类型1
ZSCORE06	plugin_usage	Visual Basic	programming environment_usage
ZEN	application_usage	Visilog	application_usage
Yahoo-BOSS API	application_usage	Virtuoso	application_usage
Yahoo-BOSS	application_usage	VIP	application_usage
XHMM	application_usage	ViewPoint	application_usage
Xcalibur	application_usage	VideoTrack	application_usage
WinEpiscope	application_usage	Videomot	application_usage

  在标注方案的主流程部分，本次研究首先使用自定义脚本将所选的样本库与上述所建小型知识库中的信息加以匹配，同时生成待标注文档及标注参考表格供后续流程使用（图 4-2）。然后，将待标注文档导入 Markup 在线标注平台（https://getmarkup.com/），并依据上一步骤得到的标注参考表格对待标注文档进行人工标注。最终将自建语料库与公开语料库合并生成黄金标准语料库。

2. 实体识别实验设计

1) 实体识别模型选择

通过对已有软件实体识别相关研究进行调研发现，现有基于深度学习的软件实体识别研究的实验框架主要包括 CRF、BiLSTM-CRF、BERT-CRF、SciBERT-CRF 四种组合类型[1,4,6,7,11]，主要涉及 LSTM、CRF、BERT 三大模型。

LSTM 即长短期记忆网络（long short term memory network），是一种特殊的循环神经网络（recurrent neural networks，RNN）。RNN 模型是在普通的神经网络基础上考虑词与词之间的影响关系，为了更好处理序列的信息所产生的。正因如此，RNN 最大的特点是具有记忆功能，能够通过之前的记忆以及当前的输入共同决定输出信息。通俗来讲，RNN 在处理文字信息时，会联系上文信息理解下文信息。但在实际应用中，研究人员发现 RNN 在处理长距离序列文本数据时会出现梯度爆炸或梯度消失的问题，使得模型出现失去先前记忆信息的问题。针对此问题，LSTM 模型应运而生，其在 RNN 模型的基础上加入遗忘门 f、输入门 i 以及输出门 o 来控制信息的遗忘、保存以及输出[16]。LSTM 的单元结构如图 4-3 所示[17]。

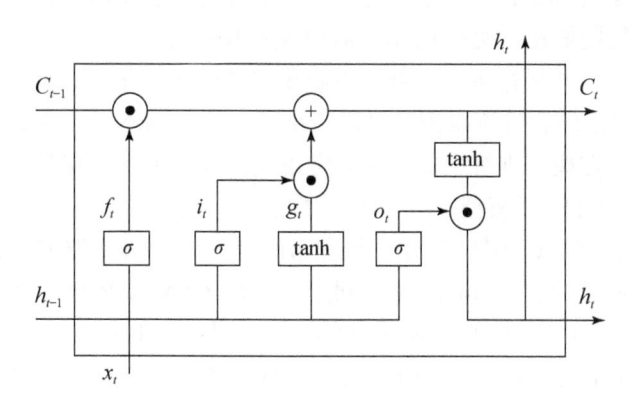

图 4-3 LSTM 单元结构

从整个单元结构流程来看，遗忘门 f 用于决定 cell（用于记录信息在时序上传递的一个设计单元）中是否保留信息，f_t 值受输入数据 x_t 与前一时间点的隐藏状态 h_{t-1} 共同影响；输入门 i 用于控制网络需要更新的新数据，与遗忘门相同，i_t 值也由输入数据 x_t 与前一时间点的隐藏状态 h_{t-1} 共同影响；记忆信息 g 指的是根据当前输入计算的需要加入记忆单元的候选值，与遗忘门及输入门相同，g_t 也由输入数据 x_t 与前一时间点的隐藏状态 h_{t-1} 共同影响；细胞单元 C 指的是更新 cell 记忆单元的状态值，C_t 由前一时间点的 cell 状态值 C_{t-1} 与遗忘门 f_t 值相乘，以及输入门

i_t 值与待更新的记忆信息 g_t 相乘求和所得，即受 C_{t-1}、f_t、i_t、g_t 四个值共同影响；输出门 o 用于控制网络的最终输出，同样 o_t 值也受输入数据 x_t 与前一时间点的隐藏状态 h_{t-1} 共同影响；网络输出值指的是最终输出，h_t 值由输出门 o_t 与细胞单元状态值 C_t 共同决定[4]。各部分详细计算公式如下（其中 W、U 和 b 代表的是模型需要学习的参数）：

$$f_t = \text{sigmoid}(U_f x_t + W_f h_{t-1} + b_f) \tag{4-1}$$

$$i_t = \text{sigmoid}(U_i x_t + W_i h_{t-1} + b_i) \tag{4-2}$$

$$g_t = \tanh(U_g x_t + W_g h_{t-1} + b_g) \tag{4-3}$$

$$C_t = C_{t-1} f_t + i_t g_t + b_i \tag{4-4}$$

$$o_t = \text{sigmoid}(U_o x_t + W_o h_{t-1} + b_o) \tag{4-5}$$

$$h_t = o_t \cdot \tanh(C_t) \tag{4-6}$$

然而，单向的 LSTM 模型只能考虑先前的输入信息对当前内容的影响，但实际情况中，每个词或字的意思不仅与上文相关，还与整个上下文信息都密切相关。因此，为包含下文信息的影响，便在网络结构中再加入一层 LSTM 构成双向长短期记忆网络（bidirectional long short term memory network，BiLSTM），其中，一层作为前向层（forward layer），负责从前往后扫描上文信息，计算并存储每个时刻向前隐含层的输出；另一层作为后向层（backward layer），负责从后往前扫描下文信息，计算并保存每个时刻向后隐藏层的输出。最后以前向 LSTM 层与后向 LSTM 层的输出结合计算得到最终输出结果。考虑到本章研究是基于词的软件实体自动识别，在模型训练中需要同时考虑当前词的上下文信息，因此研究选择 BiLSTM 模型而非 LSTM 模型。

BERT 是由谷歌 AI 团队于 2018 年发布的以 Transformer 双向编码器表示的一种新的语言表征模型。Transformer 不同于传统的 CNN 和 RNN，其完全依赖于注意力（attention）机制来实现对文本的上下文联系的挖掘。传统的 RNN（或 LSTM 等）的计算被限制为从左向右依次计算或者从右向左依次计算，就导致时间片 t 的计算依赖于 $t-1$ 时刻的计算结果，模型的并行能力便也受到了限制。此外，在顺序计算的过程中会造成信息的丢失。即使上文中提到双向长短期记忆等改进模型可以一定程度上缓解长期依赖问题，但对于特别长期的依赖现象，解决效果也有限。针对上述两个问题，Transformer 应运而生。Transformer 由自注意机制和前馈神经网络组成，相较于 LSTM 能捕捉更远距离的序列特征。Transformer 模型由编码器和解码器两部分组成。其中编码器负责将输入序列映射为一个高维表示，并提取其中的特征信息。解码器则负责将编码后的信息进行进一步的处理，并生成目标输出序列。编码器由多个相同层堆叠而成，每层都包含一个多头自注意力机制以及一个前馈神经网络。自注意力机制用于获取输入序列中不同位置之间的关联信息，而前馈神经网络则有助于捕捉局部特征。解码器与编码器的结构类似，但在注意力机制之外还引入了另一个注意力机制，用于对编码器输出进行进一步的信息融合和选择性关注（图 4-4）。

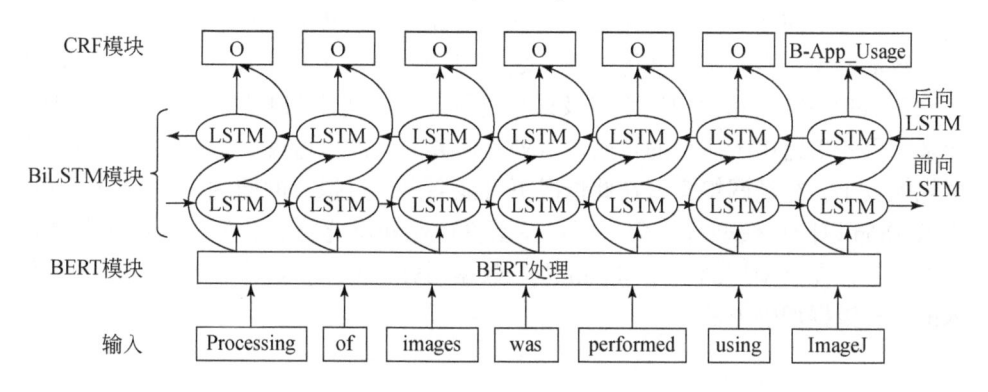

图 4-4　Transformer 模型结构图

其中，BERT 只使用了 Transformer 的编码器结构，其以 Transformer 作为双向特征提取器，通过联合调节所有层中的上下文来预先训练当前位置的向量表示。与其他词嵌入模型相比，BERT 可以获取句子级别语义特征以及上下文的语境。此外，BERT 训练使用了包含 8 亿单词的书籍语料（BooksCorpus）和包含 25 亿单词的英文维基百科语料（Wikipedia），BERT Base 包含 12 层网络、12 个自注意头（1.1 亿个参数），BERT Large 包含 24 层网络、16 个自注意头（3.4 亿个参数）。一般情况下，使用 BERT Base 可以在兼顾资源的情况下满足应用需求。

CRF 模型，即条件随机场模型，是由 Lafferty 等于 2001 提出的一个通过建立概率模型以获取和标记序列数据的模型[19]，主要是针对隐马尔可夫模型用于序列标注任务时存在的无法处理序列之间的长期依赖关系和复杂的上下文特征所产生的，其通过将所有特征进行全局归一化来得到全局最优解，能够较好地解决标记偏置等问题。

2）实体识别模型优化设计

如上文所述，目前科学软件实体识别领域已有研究主要涉及的模型为 LSTM、CRF、BERT，较常用组合为 BiLSTM-CRF。因此，本章研究首先选择 BiLSTM-CRF 模型作为基线，然后引入 BERT 预训练语言模型。为了更好对比效果，分别进行单独的 BERT 训练以及将 BERT 加入基线模型的 BERT-BiLSTM-CRF 模型训练。本研究使用的 BERT-BiLSTM-CRF 模型包括三个模块，总体结构如图 4-4 所示。首先，利用 BERT 预训练语言模型将原始文本转换为相应的词向量；然后，将得到的词向量输入到 BiLSTM 以进一步提取输入文本的上下文特征；最后，使用 CRF 模块对 BiLSTM 模块的输出结果进行编码并输出具有最高概率的标注序列。

　　本次实验拟在引入 BERT 后的模型框架基础上进行优化，主要分为数据层面以及模型层面两方面优化工作，具体优化设计如图 4-5 所示。首先，本次研究在数据层面分别使用 BERT 和 SciBERT 词向量训练模型获取模型输入数据的特征表示，再依据识别实验结果择优选择。之所以分别尝试 BERT 和 SciBERT，是因为考虑到 SciBERT 模型是由医学以及计算机科学领域共计 114 万篇学术文章预训练而来，可能更适用于研究的自然语言处理任务。其次，考虑到本次研究的训练数据规模较小，神经网络模型在此情况下可能会出现过拟合的问题，在数据层面引入 R-Drop 以防止模型过拟合，增强模型鲁棒性和泛化性。此外，为解决数据匮乏的问题，在模型层面引入 Mixup 进行数据增强。Mixup 是从计算机视觉领域引入的一种数据增强方法。

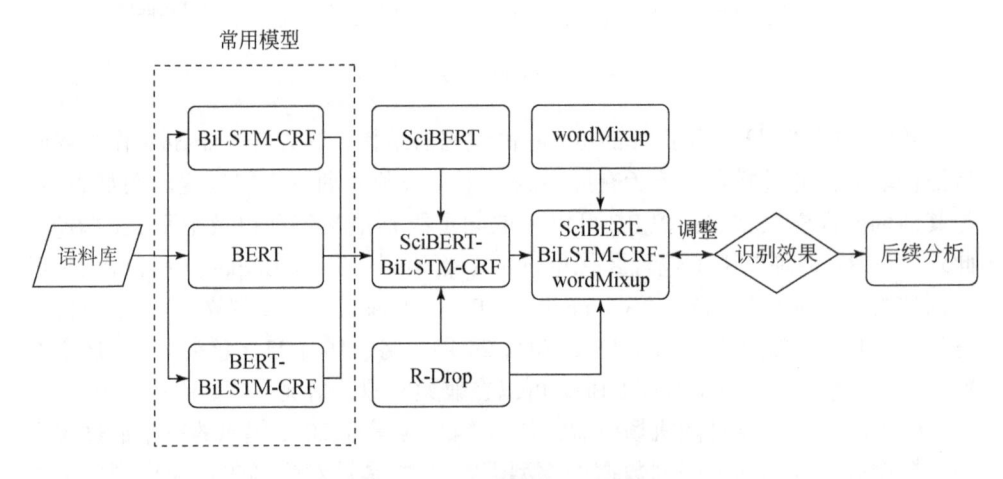

图 4-5　识别模型优化设计图

4.2　数据来源与处理

4.2.1　数据来源

　　本次研究主要涉及两个来源的数据，分别是来自 Schindler 等[11]的公开数据集 SoMeSci（Version 0.2, https://zenodo.org/record/4968738#.Yf9D49FBzb0）以及自建数据集 PLoSSo。其中，SoMeSci 主要用于为自建数据集提供标注类别定义参考和正例补充，PLoSSo 是基于 *PLoS One* 期刊的学术论文构建的文本语料库。

1）公开数据集 SoMeSci

通过对已有科学软件使用和提及相关研究所公开的数据集进行比较发现，目前科学软件实体识别领域对于科学软件实体标注较为全面的数据集是 SoMeSci。SoMeSci 采用的文章来源于 PubMed Center 的开放获取子集，由标注人员使用基于 web 的标注软件 BRAT（Version 1.3，http://brat.nlplab.org/）进行人工标注，包含"方法部分"文档、"全文文本"文档等多个原始文本及对应标注文件。较之其他软件公开数据集，SoMeSci 对软件实体的标注更为细致，在对软件实体类别进行细分的同时还对软件使用类型进行划分，并对软件的版本、发布时间、开发者等相关信息加以标注。基于此，研究的实体类别定义参考了 SoMeSci 中的实体类别定义。此外，由于前人研究[20]表明，大部分软件实体出现在学术文章的方法部分，因此本次研究选择 SoMeSci 中学术论文方法部分的数据（480 篇方法部分原文文本数据及其对应标注数据）作为正例补充。

2）自建数据集 PLoSSo

由于 SoMeSci 是基于生物医学领域的学术论文文本构建的语料库，为进一步扩展语料库的适用范围，本次研究选择基于 *PLoS One* 期刊的学术论文作为新增语料来源。首先，使用自定义的 Python 脚本抽取章节名包含"Method"的段落文本作为方法部分样本集来源，再按照一定比例进行抽样，得到最终方法部分样本集。该样本集包括 12 280 个段落，64 577 个句子。接着，按照上述标注流程（图 4-2）对方法部分样本集进行标注，共标注了 3634 个实体。

4.2.2 数据处理

本次研究使用自编 Python 程序对 SoMeSci 中方法部分文本数据的标注结果进行处理，并将处理后的 SoMeSci 标注结果与 PLoSSo 的标注结果合并，构成最终实验所用的黄金标准数据集。实验数据集共包括 6773 个实体，各类别实体数量分布情况如表 4-3 所示。

表 4-3　实验数据集实体标注数量统计表

实体标签	SoMeSci	PLoSSo	合计
application_usage	1089	1270	2359
version	577	673	1250
developer	376	512	888
citation	402	353	755
programming_environment_usage	165	285	450

续表

实体标签	SoMeSci	PLoSSo	合计
plugin_usage	177	239	416
URL	124	141	265
application_mention	78	19	97
operating system_usage	31	48	79
abbreviation	40	27	67
其他标签	80	67	147
合计	3139	3634	6773

从表4-3可以看出，学术论文对应用程序、插件、操作系统、编程环境四种类型软件的使用和提及存在明显差别。应用程序（application）在学术论文中得到了更多的提及和使用，两个数据集共标注"application"软件实体2472个（占实体总数的36.50%）。其中，"application_usage"实体个数最多（2359个），"application_mention"实体个数次之（97个），"application_creation"和"application_deposition"实体则相对较少（共16个）。与应用程序相比，学术论文对其他三类软件的使用较少。其中，编程环境软件实体450个、插件软件实体416个、操作系统软件实体79个。编程环境和插件软件实体数量相当可能是因为作者提及具体插件的同时通常也会提及其所在编程环境，如R和lme4常在同一句话中出现。此外，作者更倾向于提及软件的版本（1250个，占比18.46%）、开发者（888个，13.17%）、URL（265个，占比3.91%）等相关信息。

4.3 实验与结果分析

4.3.1 实验环境

本次研究以Google Research团队开发的Colaboratory（https://colab.research.google.com/，简称Colab）为实验环境。Colab是一种托管式Jupyter笔记本服务，用户可以通过Colab使用免费的图形处理器等计算资源，减少了很多环境配置问题。本次研究各项实验均在Python 3.8.5环境下编写运行。其中，数据处理部分主要涉及的软件库有pandas、numpy、stanza等。Stanza（v1.0.0，https://stanfordnlp.github.io/stanza/installation_usage.html）是斯坦福大学自然语言处理组开发的一个纯Python版本的深度学习自然语言处理工具包，目前支持66种语言的文本分析。本次研究使用 Stanza 对文本数据进行分词处理。神经网络模型部分采用的是 Facebook 人工智能研究院开发的开源软件库 PyTorch 框架实现。相较于被广泛使用的 Tensorflow 框架，PyTorch 属于更 Python 化的框架，具有内置的动态有向无环图，可以随时定义、随时更改、随时执行节点，相当灵活，并且在安装难度、上手难度、代码理解等方面表现比较优异。

4.3.2 模型参数与评估指标

对于神经网络模型的优化首先往往是利用梯度下降法对相关参数值进行调整。具体来讲，就是在训练数据上进行多次模型训练，并不断对模型参数进行调整，使得损失值不断减小，直到最终模型达到收敛。优化器的使用配合梯度下降法可以使得模型有更好的训练效果。目前常用的优化器有以下几类：随机梯度下降（stochastic gradient descent，SGD）、动量（momentum）、自适应梯度（adaptive gradient，AdaGrad）、均方根传播（root mean square propagation，RMSProp）、自适应矩估计（adaptive moment estimation，Adam）算法等，其中 SGD 和 Adam 的使用最为广泛。考虑到 SGD 在选择合适的学习率方面比较困难且容易被困在鞍点收敛，而 Adam 具有计算速度快并且可以根据不同参数自适应学习率的优点，本章研究选择 Adam 作为实验优化器。

由于本次研究的训练数据规模较小，模型训练中可能会出现过拟合现象，也就是在训练集上表现很好，但在测试集上表现很差，缺乏泛化能力。而实际应用中需要模型对识别未出现过的科学软件实体及其相关属性具有较强的泛化能力，因此，我们在模型中加入 Dropout，以防止模型过拟合，从而提升模型的效果。Dropout 是在训练网络时所使用的一种技巧，具体是指在模型训练过程中每次按照所设定的概率随机将一部分隐藏层节点的激活函数设为 0，使其不参与计算。因为每轮训练随机选择的节点不同，等同于每轮都训练出一个新模型，所以最终的训练模型具备每轮模型的平均效果。这种处理方式削弱了各隐藏层节点之间的联合，降低了网络对于单个隐藏层节点的依赖，从而增强了模型的泛化能力。

本章研究将训练迭代次数设置为 1000，对每一次迭代的模型使用验证集对训练效果加以检验，当在验证集上的识别准确率长期不再提升便提前结束训练。BiLSTM 模型的关键参数设置如表 4-4 所示。

表 4-4 BiLSTM 模型参数设置

参数	参数值
学习率（learning_rate）	1×10^{-4}

续表

参数	参数值
词向量维度（embedding_dim）	100
编码层隐藏层大小（hidden_dim）	256
单次训练样本数（batch_size）	64
优化器（optimizer）	Adam
Dropout 比例	0.5
迭代次数（epochs）	1000

BERT 模型的关键参数设置如表 4-5 所示，wramup-proportion 表示的是慢热学习的比例，设置为 0.1。即假设总步数为 100，那么 warmup 的步数就是 10，在 1~10 步中，学习率会比 10 步之后低，10 步之后学习率恢复正常。使用 warmup 是因为在模型刚开始训练时，模型的权重是随机初始化的，如果一开始就选择一个较大的学习率，可能会导致模型的振荡。通过 warmup 控制开始训练的几个迭代次数内学习率较小，使得模型相对稳定后再选择预先设置的学习率进行训练，从而让模型收敛速度更快，效果更好。

表 4-5　BERT 模型参数设置

参数	参数值
学习率（learning_rate）	4.0×10^{-5}
慢热学习的比例（warmup_proportion）	0.1
单次训练样本数（batch_size）	64
Dropout 比例	0.5
迭代次数（epochs）	100

研究选择通用的命名实体识别评价指标，即准确率（P）、召回率（R）和平均数 F_1 值对模型的识别效果进行评估，其具体计算公式如下：

$$P = \frac{T_P}{T_P + F_P} \times 100\% \tag{4-7}$$

$$R = \frac{T_P}{T_P + F_N} \times 100\% \tag{4-8}$$

$$F_1 = \frac{2PR}{P + R} \times 100\% \tag{4-9}$$

式中，T_P 为模型正确识别的实体数量；F_P 为模型识别错误的实体数量；F_N 为模型没有检测到的相关实体的个数。

4.3.3 实验结果分析

本次研究首先测试 BiLSTM-CRF 模型在实验数据集上的识别效果。实验将数据集按照 0.70∶0.15∶0.15 的比例划分为训练集、测试集和验证集。共进行三次实验，最终取三次实验结果的均值作为模型性能的评价结果。表 4-6 列出了基线模型 BiLSTM-CRF 在实验数据集上的软件实体识别结果，基线模型 BiLSTM-CRF 对软件实体的识别效果。

表 4-6 BiLSTM-CRF 实验结果

实体标签	准确率（%）	召回率（%）	F_1 值（%）
application_usage	82	75	78
plugin_usage	48	61	54
operating system_usage	67	80	73
programming environment_usage	72	93	81
citation	41	67	51
version	93	71	81
developer	67	67	67
总体	81	68	74

从表 4-6 可以看出，不同标签的识别效果具有较大的差别。例如，"citation"的 F_1 值最低，仅有 51%，而"version"和"programming environment_usage"的 F_1 值高达 81%。同时，笔者通过实验发现，样本量很少的类别（如"application_creation"等）容易出现无法识别出实体以及结果较为振荡的问题。从表 4-6 还可以看出，BiLSTM-CRF 模型的总体 F_1 为 74%，略低于 Schindler 等[10]基于 SoMeSci 数据集的 F_1 值（76%）。这可能与本次研究的软件类别细化程度更高有关，Schindler 等[10]的研究是对 software 整体进行识别，而本次研究是对软件各细分类别进行识别。

为进一步提高识别效果，本次研究对基线模型进行改进。首先，研究在数据层面分别使用 BERT 和 SciBERT 词向量训练模型获取输入数据的特征表示，与上述实验所用的 word2vec 模型加以区别。之所以分别尝试 BERT 与 SciBERT 是因为考虑到 SciBERT 是 Beltagy 等[21]于 2019 年提出的用于寻找与新型冠状病毒感染相关文章的算法模型，该模型是由生物医学以及计算机科学领域共计 114 万篇学术文章预训练而来，可能更适用于本章研究的自然语言处理任务。

与此同时，研究引入 R-Drop 来增强模型鲁棒性和泛化性。R-Drop[22]将 Dropout 两次的想法应用在有监督文本分类任务上，在常规交叉熵的基础上加上一项强化模型鲁棒性的正则项，用以弥补 Dropout 带来的训练模型以及测试模型的不一致性。结合 R-Drop 的模型如图 4-6 所示，每个训练样本会经过两次前向传播，从而得到两次预测输出。具体计算公式如下：

$$L_i^{CE} = -\log P_\theta^1(y_i|x_i) - \log P_\theta^2(y_i|x_i) \tag{4-10}$$

$$L_i^{KL} = \frac{1}{2} KL(P_\theta^2(y_i|x_i) || P_\theta^1(y_i|x_i)) + KL(P_\theta^1(y_i|x_i) || P_\theta^2(y_i|x_i)) \tag{4-11}$$

$$L_i = L_i^{CE} + \alpha L_i^{KL} \tag{4-12}$$

式中，$P_\theta^1(y_i|x_i)$ 与 $P_\theta^2(y_i|x_i)$ 为两次预测值；L_i^{CE} 为交叉熵损失；L_i^{KL} 为 KL 散度；L_i 为最终的损失函数；α 为超参数。

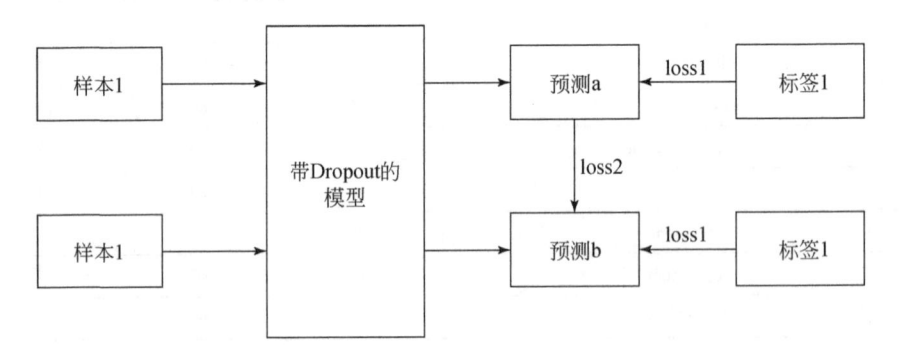

图 4-6 结合 R-Drop 模型示意图

此外，为了解决数据匮乏的问题，研究在模型层面引入 Mixup[23]进行数据增强（data augmentation）。本次研究之所以不采用常用的 EDA（easy data augmentation）作为数据增强方法，是因为 EDA 包含同义词替换、随机插入、随机交换、随机删除，这 4 种操作都有可能破坏命名实体的合法性，从而使得数据集出现谬误[24]，导致其并不适合命名实体识别任务。而 Mixup 是从计算机视觉领域引入的一种数据增强方法。Guo 等[25]将 Mixup 引入到自然语言处理领域，提出了将 Mixup 应用于句子分类任务的两种策略：一种是基于句子的 senMixup；另一种是基于词的 wordMixup。由于命名实体识别任务需要对每个单词进行分类，本次研究选择基于词的 wordMixup。

改进模型的实验结果如表 4-7 所示，相较于基线模型 BiLSTM-CRF，单纯使用 BERT 预训练模型所得的模型准确率偏低，但在召回率上得到了较大幅度的提升，在整体 F_1 值上提升了 3.4 个百分点。这说明 BERT 预训练语言模型比传统的 word2vec 能更好地表示该领域词汇的语义信息。将 BERT 与 BiLSTM-CRF 结合之后的模型 BERT-BiLSTM-CRF 对于科学软件实体识别效果比单独使用 BiLSTM-CRF 或 BERT 有了较大提升，准确率和召回率均达到了 80% 以上，整体 F_1 值提升超过 5 个百分点。而在使用 SciBERT 预训练语言模型以及 R-Drop 后，模型 SciBERT-BiLSTM-CRF 的识别效果得到进一步提升，各项指标最优时能提升 1~2 个百分点，这说明在本次研究的软件实体识别任务中，SciBERT 和 R-Drop 的结合使用能够进一步优化识别效果。引入 wordMixup 的 SciBERT-BiLSTM-CRF-wordMixup 模型的识别效果较 SciBERT-BiLSTM-CRF 有进一步提升，F_1 值达到 87.5%，说明数据匮乏问题对此类识别任务有较大影响，在模型训练时有必要进行数据增强处理。

表 4-7　各模型对软件实体的识别效果

模型	准确率（%）	召回率（%）	F_1 值（%）
BiLSTM-CRF	81	68.3	74.1
BERT	74.2	81.2	77.5
BERT-BiLSTM-CRF	84.3	82.4	83.3
SciBERT-BiLSTM-CRF	86.5	84.7	85.6
SciBERT-BiLSTM-CRF-wordMixup	86.9	88.1	87.5

4.4　本章小结

本章主要涉及两大部分工作，包括黄金标准语料库的构建和软件实体识别模型的优化改进。在黄金标准语料库构建部分，首先对科学软件实体、科学软件使用类型实体、科学软件相关信息实体加以细化定义，共包括 20 种实体类型，并且按照 BIO 标注法生成 41 个实体标签。接着，针对人工标注语料库耗时耗力问题，设计一种基于小型知识库的程序辅助标注流程方案。该方案主要基于前人研究中生成的科学软件标注结果将软件实体与标注类型形成对应知识，从而依靠不断积累生成的小型知识库辅助标注人员筛选与判断。最终，本章基于 *PLoS One* 期刊论文文本构建出共包含 6773 个实体的黄金标准语料库，为后续软件识别模型实验奠定数据基础。

在软件实体识别模型优化部分，本章首先将目前广泛应用于实体识别领域的 BiLSTM-CRF 模型作为实验基线，测试其在本次研究语料库上的识别效果。接着，对 BiLSTM-CRF 基线模型加以优化改进，分别引入了目前通用命名实体识别领域流行的 BERT 模型和针对科学论文文本训练出的 SciBERT 模型来代替 word2vec 作为词向量训练模型。随后，本章针对数据集样本量较小的情况，在数据层面引入 R-Dropout 来增强模型的鲁棒性和泛化性，并在模型层面引入 Mixup 进行数据增强。实验结果表明，在 BiLSTM-CRF、BERT、BERT-BiLSTM-CRF、SciBERT-BiLSTM-CRF 和 SciBERT-BiLSTM-CRF-wordMixup 五种模型中，SciBERT-BiLSTM-CRF-wordMixup 模型在本研究语料库上的识别表现最好，其整体 F_1 值达到 87.5%。这说明，本章提出的改进模型 SciBERT-BiLSTM-CRF-wordMixup 能够有效地从学术论文文本中识别出软件及其相关信息实体。

参 考 文 献

[1] Duck G, Kovacevic A, Robertson D L, et al. Ambiguity and variability of database and software names in bioinformatics [J]. Journal of Biomedical Semantics, 2015, 6: 1-11.

[2] Pan X, Yan E, Wang Q, et al. Assessing the impact of software on science: A bootstrapped learning of software entities in full-text papers [J]. Journal of Informetrics, 2015, 9 (4): 860-871.

[3] Li K, Yan E. Co-mention network of R packages: Scientific impact and clustering structure [J]. Journal of Informetrics, 2018, 12 (1): 87-100.

[4] 孙超. 基于深度学习的软件实体识别方法 [D]. 昆明: 云南师范大学, 2021.

[5] Krüger F, Schindler D. A literature review on methods for the extraction of usage statements of software and data [J]. Computing in Science & Engineering, 2020, 22 (1): 26-38.

[6] Schindler D, Zapilko B, Krüger F. Investigating software usage in the socialsciences: A knowledge graph approach [C] //Proceedings of European Semantic Web Conference. Berlin: Springer, 2020: 271-286.

[7] Lopez P, Du C, Cohoon J, et al. Mining software entities in scientific literature: Document-level NER for an extremely imbalance and large-scale task [C] //Proceedings of the 30th ACM International Conference on Information & Knowledge Management (CIKM'21). New York: Association for Computing Machinery, 2021: 3986-3995.

[8] 陈安东. 面向中文期刊论文题录的糖尿病知识抽取研究 [D]. 上海: 华东师范大学, 2022.

[9] Li K, Yan E, Feng Y. How is R cited in research outputs? Structure, impacts, and citation standard [J]. Journal of Informetrics, 2017, 11 (4): 989-1002.

[10] Schindler D, Bensmann F, Dietze S, et al. The role of software in science: A knowledge graph-based analysis of software mentions in PubMed Central [J]. PeerJ Computer Science, 2022, 8: e835.

[11] Schindler D, Bensmann F, Dietze S, et al. SoMeSci- A 5 Star Open Data Gold Standard Knowledge Graph of Software Mentions in Scientific Articles [C] //Proceedings of the 30th ACM International Conference on Information & Knowledge Management. Queensland: ACM, 2021: 4574-4583.

[12] 邱均平, 陈敬全. 知识仓库及其在企业管理中的应用 [J]. 情报理论与实践, 2003,

26（4）：324-326，323.

[13] 韩海涛，宋智军. 面向滨海新区服务的知识仓库构建研究［J］. 图书馆工作与研究，2009（2）：27-29.

[14] 吴丹，易辉. 知识库系统中语义网知识的表示［J］. 电脑与信息技术，2004，12（1）：9-11，44.

[15] 张斌，魏扣，郝琦. 国内外知识库研究现状述评与比较［J］. 图书情报知识，2016（3）：15-25.

[16] 边俐菁. 基于深度学习和远程监督的产品实体识别及其领域迁移研究［D］. 上海：上海财经大学，2020.

[17] 李明扬，孔芳. 融入自注意力机制的社交媒体命名实体识别［J］. 清华大学学报（自然科学版），2019，59（6）：461-467.

[18] 范炀，刘秉权. 基于Transformer的机器阅读理解对抗数据生成［J］. 智能计算机与应用，2021，11（1）：1-7.

[19] Lafferty J, McCallum A, Pereira F C N. Conditional random fields: Probabilistic models for segmenting and labeling sequence data［C］//Proceedings of the Eighteenth International Conference on Machine Learning. San Francisco: Morgan Kaufmann Publishers, 2001: 282-289.

[20] 潘雪莲. 软件实体的自动抽取和学术影响力研究［D］. 南京：南京大学，2016.

[21] Beltagy I, Lo K, Cohan A. SciBERT: A Pretrained Language Model for Scientific Text［C］//Proceedings of the 2019 Conference on Empirical Methods in Natural Language Processing and the 9th International Joint Conference on Natural Language Processing (EMNLP-IJCNLP). Hong Kong: Association for Computational Linguistics, 2019, 3615-3620.

[22] Wu L, Li J, Wang Y, et al. R-drop: Regularized dropout for neural networks［J］. Advances in Neural Information Processing Systems, 2021, 34: 10890-10905.

[23] Verma V, Lamb A, Beckham C, et al. Manifold mixup: Better representations by interpolating hidden states［C］//International Conference on Machine Learning. PMLR, 2019: 6438-6447.

[24] 马晓琴，郭小鹤，薛峪峰，等. 针对命名实体识别的数据增强技术［J］. 华东师范大学学报（自然科学版），2021，（5）：14-23.

[25] Guo H, Mao Y, Zhang R. Augmenting data with mixup for sentence classification: An empirical study［J］. arXiv preprint arXiv: 1905.08941, 2019.

第 5 章　基于科学论文全文本数据的软件影响力研究

本章首先通过对国内和国际图书情报学核心期刊论文全文中的软件使用和引用情况的分析来揭示软件对图书情报学研究的影响，其次通过对多学科科学论文中的软件提及和引用情况的比较研究来揭示软件的学术影响力以及软件使用和引用的学科差异。

5.1　我国图书情报领域的软件使用与引用研究

5.1.1　研究问题

软件在现代科学研究中发挥着重要作用，它被用于科学研究的诸多方面，如分析数据、建模仿真、可视化结果等[1-2]。2008年的一项网络调查显示，91.2%的被访科学家表示使用软件对自己的研究重要或非常重要，84.3%的被访者表示开发软件对自己的研究重要或非常重要[3]。另外一项研究表明，很多科学家需要花费相当多的时间开发科学软件来解决或帮助解决本领域的研究问题[4]，他们中的一些人将软件共享出来供他人免费使用。这些免费软件只有在科学家愿意花费额外时间维护和完善的条件下才能持续可用，否则将面临淘汰、消亡[5]。虽然越来越多的免费软件被生产出来并被广泛使用，但是目前由出版物驱动的科研评价体系中，软件等数字成果常常被认为是科学研究的副产品，而不是体现科学家价值的研究成果，其学术价值一直被低估甚至被忽略[6-7]，以致"科学家有动力撰写好论文，却没有动力开发好软件"[8]。学术界对软件学术价值的低估会导致科学家更倾向于独享自己研发的科学软件，而不是与他人共享。这将造成软件的重复开发和科研资源的浪费，不利于资源的优化配置。

近年来，一些学者开始呼吁重视软件的价值、认可软件研发者的学术贡献[6-7]。与此同时，一些机构也开始认可科学家们为开发软件所付出的努力[9-10]。然而，学术界对软件价值的理解仍然不够深入[11]，对软件使用和引用情况的调查还比较少。本节研究旨在回答如下两个问题：①我国图书情报学研究对软件的依赖程度是怎样的？②我国图书情报领域的软件引用现状如何？

研究的意义在于：①科学评价我国图情领域的软件引用实践，为后续相关研究奠定坚实基础，有助于推进软件的规范引用和有效利用；②加深对软件学术价值的了解和认识，为有关部门将软件纳入科研评价体系提供决策依据，有助于建立一个更为透明、开放、包容的科研评价体系；③揭示图书情报学研究对软件的依赖程度，有助于深化图书情报学学科认识。

5.1.2 数据与方法

本节研究以已有期刊评价研究[12-13]为基础，并参考专家意见，从中文社会科学引文索引（CSSCI）（2014~2016 版）所收录的 18 种图书情报学来源刊中挑选出 9 种期刊。选刊时兼顾了偏技术、综合、偏理论三类期刊，以期对图书情报学领域使用软件情况进行比较全面的揭示。表 5-1 列出了研究所选的 9 种期刊以及每刊选取的样本量。需要指出的是，虽然《现代图书情报技术》于 2017 年更名为《数据分析与知识发现》，但研究收集的是 2007~2016 年发表的论文，故本书仍沿用刊名《现代图书情报技术》。

从中国知网和万方数据库中检索出的各刊在 2007~2016 年刊载的文章数量如表 5-1 所示。由表 5-1 可知，这 9 种刊 10 年刊载了 27 000 多篇论文，人工标注十分耗时耗力，故本节研究对《中国图书馆学报》和《情报学报》之外的 7 种期刊进行随机抽样。因为《中国图书馆学报》和《情报学报》是国内图情领域公认的权威期刊[14]，在某种程度上代表了领域内科研的最高水平[15]，保留两种权威期刊 10 年的全部学术性论文有助于较为全面地了解图情领域高水平研究对软件的依赖程度。对于其余 7 种期刊，则利用程序从每刊每年刊载的学术性论文中随机抽取出 100 个样本。若该年学术性论文数量不足 100，则该年学术性论文全部入选。这 7 种期刊 10 年数据中，只有《大学图书馆学报》在 2016 年刊载的学术性论文不足 100 篇，其所刊载的 97 篇学术性论文则全部入选。各刊最终选取的样本量如表 5-1 所示。数据的收集截至 2017 年 12 月。

表 5-1 2007~2016 年 9 种期刊样本量汇总

期刊	国际标准连续出版物号（ISSN）	检索结果	样本量
《大学图书馆学报》	1002-1027	1 574	997
《情报理论与实践》	1000-7490	3 374	1 000
《情报学报》	1000-0135	1 583	1 397
《图书馆》	1002-1558	3 079	1 000

续表

期刊	国际标准连续出版物号（ISSN）	检索结果	样本量
《图书馆论坛》	1002-1167	3 049	1 000
《图书馆杂志》	1000-4254	2 496	1 000
《图书情报工作》	0252-3116	8 833	1 000
《现代图书情报技术》	2096-3467	2 582	1 000
《中国图书馆学报》	1001-8867	1 037	830
合计	—	27 607	9 224

本节采用内容分析法对2007~2016年收集到的9 224篇论文的软件使用和引用情况进行深入分析。内容分析法是一种对显性内容进行客观、系统和定量描述的研究方法[16]。它能够客观系统地将文献含有的情报内容量化，并对文献内容进行更深层次的研究分析，是图书情报领域的一个重要研究方法[17-18]。首先，根据已有研究中提出的内容分析类目[19]，建立本节研究的分析类目和量化系统，进而形成研究的内容分析类目表——软件使用与引用特征编码框架（表5-2）。其次，依据建立的内容分析类目表对9224篇论文进行编码。最后，对编码结果进行统计分析，进而得出结论。编码工作由七位编码员完成。正式编码前，先对7位编码员进行严格训练，并随机抽取20篇论文让7位编码员对其中6个指标进行独立编码，采用统计工具ReCal3[20]（http://dfreelon.org/utils/recalfront/recal3/#doc）计算Krippendorff's Alpha值来检验编码员间的信度。6个指标的Alpha值分别为0.766、0.768、0.826、0.899、0.909和1，均大于可接受信度0.7[16]，说明7位编码员的标注结果一致性较好。

表5-2 软件使用与引用特征编码框架

类别	编码	定义说明	具体实例
使用	论文号	人工分配的论文编号	《情报学报》QBXB2007001, QBXB2007002… 《图书馆》TSG2007001, TSG2007002…
	软件名	软件的名称	"本文使用网络分析软件Ucinet 6.301对作者合作网络进行详细的分析"中的软件Ucinet
	软件被使用	软件被用于该研究	"本文使用网络分析软件Ucinet 6.301对作者合作网络进行详细的分析"中的软件Ucinet被用于该研究
	创建者	软件的创建者/开发者	"陈超美开发的可视化软件CiteSpace……"中的"陈超美"

续表

类别	编码	定义说明	具体实例
使用	版本号	软件的版本号码	"本文使用网络分析软件 UCINET 6.301 对作者合作网络进行详细的分析"中的"6.301"
	存储地址	软件或项目的网址	"本文 CiteSpace（http://cluster.cis.drexel.edu/~cchen/citespace/）为研究对象"中的"http://cluster.cis.drexel.edu/~cchen/citespace/"
引用	正式引用	使用的软件有参考文献标注	"本研究采用 CiteSpace[3] 来分析图情领域近十年的研究趋势"中 CiteSpace 获得正式引用
	引用出版物	引用论文或图书等正式出版物	"本研究采用 CiteSpace[3] 来分析图情领域近十年的研究趋势"，若标注［3］对应的是"Chen C. CiteSpace Ⅱ: Detecting and Visualizing Emerging Trends and Transient Patterns in Scientific Literature［J］. Journal of the American Society for Information Science and Technology, 2006, 57（3）: 359-377"，则表示引用的是出版物
	引用手册/指南	引用软件的使用指南、手册	同上，若标注［3］对应的是"Chen Chaomei. The CiteSpace Manual［EB/OL］.［2016-01-15］. http://cluster.ischool.drexel.edu/~cchen/citespace/CiteSpaceManual.pdf"，则表示引用的是手册
	引用网址	引用软件存储地址	同上，若标注［3］对应的是"Chen C. Citespace Ⅱ.［2010-05-08］. http://cluster.cis.drexel.edu/~cchen/citespace/."，则表示引用的是网址

本节研究对"提及软件"和"使用软件"两个概念进行了区分。前者指论文中出现了软件，后者指利用软件进行了相关研究。研究关注的是被使用的软件而不是仅被提及的软件。此外，研究还关注图情领域研究者使用了哪些软件，以及他们使用软件时提及了软件的哪些信息，他们是否正式引用软件以提高软件的可见性。只有使用的软件附有相应的参考文献，才认为该软件被正式引用。在统计软件使用频次时，一篇论文中多次出现同一软件时，软件使用频次为 1；出现多个不同软件时，频次则以使用软件的种类为准。

5.1.3 结果与讨论

1. 软件使用分析

对 9224 篇期刊论文的标注结果进行统计后发现，共有 1279 篇使用了软件，占总论文量的 13.87%。表 5-3 列出了 9 种期刊使用软件论文占比情况。从中可以看出，使用软件论文占比最高的是《现代图书情报技术》，有超过 35% 的论文使用了软件，其次是《情报学报》，有超过 20% 的论文使用了软件。从中还可以看出，《图书情报工作》和《情报理论与实践》使用软件的论文比例均超过 10%，但低于 15%；其余 5 种期刊的使用软件论文占比均低于 10%，其中占比最低的是《图书馆》，仅为 4.20%。

表 5-3　2007~2016 年图情领域期刊使用软件论文占比情况

期刊	论文量（篇）	使用软件论文量（篇）	占比（%）
《大学图书馆学报》	997	62	6.22
《情报理论与实践》	1000	135	13.50
《情报学报》	1397	325	23.26
《图书馆》	1000	42	4.20
《图书馆论坛》	1000	75	7.50
《图书馆杂志》	1000	73	7.30
《图书情报工作》	1000	145	14.50
《现代图书情报技术》	1000	357	35.70
《中国图书馆学报》	830	65	7.83
合计	9224	1279	13.87

图 5-1 展示了 2007~2016 年 9 刊总体使用软件论文占比情况。从中可以看出，使用软件论文占比在这 10 年虽略有波动，但总体呈上升趋势。使用软件论文占比已经从 2007 年的 5.53% 上升到 2016 年的 20.80%，足见软件在图书情报学研究中的重要性逐步提升且上升幅度显著。

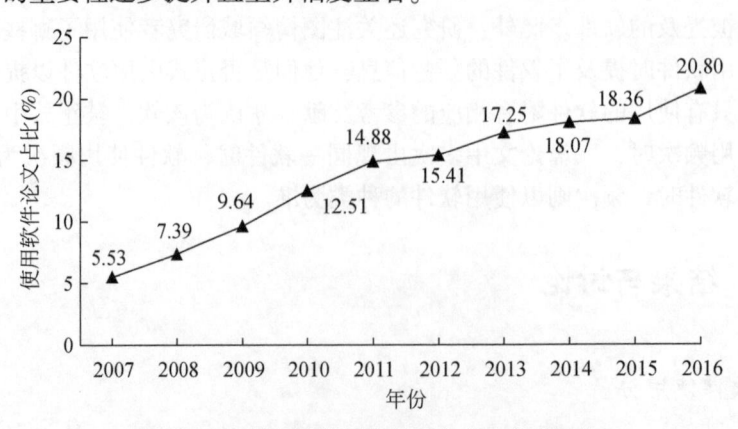

图 5-1　图情领域使用软件论文占比变化趋势

表5-4 列出了9种期刊2007~2016年使用软件论文占比，总体上均呈上升态势；《现代图书情报技术》和《情报学报》则一直高于其他7种期刊，到2016年，占比已分别上升到51.00%和26.98%，这可能与两种期刊载文内容的学科特征有关，可见情报学对软件的依赖程度高于图书馆学；《中国图书馆学报》使用软件论文占比在2009年之前不足1%，在2016年高达19.23%，是2007年占比的23倍，增幅超过其他8种期刊；《大学图书馆学报》《图书馆杂志》《图书馆论坛》《图书馆》四种期刊使用软件论文占比均从2007年的2%左右增长到2016年的9%左右，说明图书馆学研究依赖软件工具的程度也在加大。

表5-4 9种期刊十年间使用软件论文占比 （单位:%）

期刊	2007年	2008年	2009年	2010年	2011年	2012年	2013年	2014年	2015年	2016年
《大学图书馆学报》	2.00	4.00	5.00	5.00	8.00	4.00	7.00	8.00	10.00	9.28
《情报理论与实践》	4.00	7.00	12.00	11.00	12.00	17.00	10.00	19.00	16.00	27.00
《情报学报》	12.95	12.69	23.44	22.08	22.81	25.50	29.29	25.00	32.58	26.98
《图书馆》	1.00	3.00	2.00	7.00	3.00	5.00	5.00	4.00	3.00	8.00
《图书馆论坛》	2.00	4.00	2.00	3.00	5.00	8.00	17.00	16.00	9.00	9.00
《图书馆杂志》	5.00	10.00	2.00	5.00	3.00	5.00	5.00	3.00	5.00	8.00
《图书情报工作》	3.00	8.00	7.00	8.00	19.00	20.00	18.00	17.00	20.00	25.00
《现代图书情报技术》	17.00	16.00	23.00	38.00	43.00	39.00	43.00	42.00	45.00	51.00
《中国图书馆学报》	0.83	0.88	6.32	7.87	9.64	8.86	13.16	13.43	10.71	19.23

除正式引用外，正文中关于软件版本、创建者、存储地址等的描述也有助于提高软件的可见性，进而促进软件的扩散与再利用。与传统出版物一经出版便不再变更不同，软件往往需要不断更新升级，这样的变动一般用版本信息来区分。虽然版本信息是识别区分软件的重要依据，但研究发现的1901次软件使用中，提及版本信息的不足30%；再者，创建者和存储地址信息也可以帮助读者快速识别和定位软件，然而提及创建者和存储地址信息的比例分别只有6.26%和8.10%；而三者均未提及的比例高达60.49%。表5-5列出了软件相关信息的提及情况。由表5-5可知，《图书馆》未提及版本、创建者和存储地址等任何相关信息的占比最低，占45.45%，其余8刊的占比均超过了50%。

表5-5 软件相关信息提及情况

期刊	软件使用频次	版本	创建者	存储地址	三者均未提及
《大学图书馆学报》	74	27（36.49%）	7（9.46%）	6（8.11%）	42（56.76%）

续表

期刊	软件使用频次	软件相关信息提及次数及占比			
		版本	创建者	存储地址	三者均未提及
《情报理论与实践》	195	70（35.90%）	19（9.74%）	15（7.69%）	102（52.31%）
《情报学报》	516	148（28.68%）	26（5.04%）	10（1.94%）	343（66.47%）
《图书馆》	66	29（43.94%）	8（12.12%）	0（0.00%）	30（45.45%）
《图书馆论坛》	105	39（37.14%）	8（7.62%）	4（3.81%）	59（56.19%）
《图书馆杂志》	100	30（30.00%）	8（8.00%）	10（10.00%）	63（63.00%）
《图书情报工作》	229	72（31.44%）	6（2.62%）	13（5.68%）	140（61.14%）
《现代图书情报技术》	497	110（22.13%）	33（6.64%）	94（18.91%）	296（59.56%）
《中国图书馆学报》	119	41（34.45%）	4（3.36%）	2（1.68%）	75（63.03%）
合计	1901	566（29.77%）	119（6.26%）	154（8.10%）	1150（60.49%）

2. 软件引用分析

软件引用不仅可以提高软件的可见性，还可以在软件的检索和评价等方面发挥重要作用[14]。对9种期刊10年的软件引用情况进行统计整理后得知，软件平均引用率为16%，远低于生物学英文核心期刊论文中的软件引用率（44%）[19]。由图5-2可知，2007~2016年9种期刊的平均软件引用率保持在13%~21%，无明显上升趋势。由此可见，国内图书情报学领域中软件引用缺失严重，且该状况在近十年内并无改善。

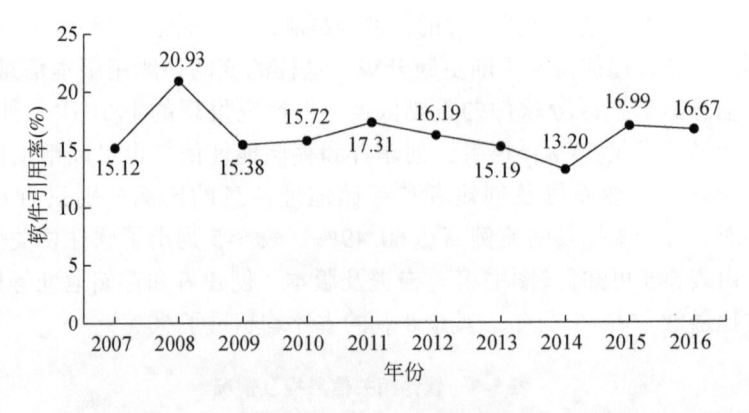

图 5-2 软件引用率变化趋势

表5-6列出了9种期刊十年间软件的使用频次、引用频次、引用率以及引文

类型。从中可以看出，只有《现代图书情报技术》的软件引用率高于20%，其余8种期刊的软件引用率均低于20%；《图书馆》的软件引用率最低，为6%。这说明国内无论是图书馆学还是情报学研究人员都还没有广泛形成对软件进行引用的认知，缺乏软件引用意识，也说明推进软件引用规范化还有很长的一段路要走。

表5-6 软件引用情况

期刊	使用频次	引用频次	引用率（%）	引用类型 总量	出版物	手册/指南	网址
《大学图书馆学报》	74	8	11	8	2	0	6
《情报理论与实践》	195	35	18	35	20	0	15
《情报学报》	516	65	13	65	39	1	25
《图书馆》	66	4	6	4	4	0	0
《图书馆论坛》	105	11	10	11	4	2	5
《图书馆杂志》	100	8	8	9	5	0	4
《图书情报工作》	229	23	10	23	11	0	12
《现代图书情报技术》	497	132	27	134	40	2	92
《中国图书馆学报》	119	19	16	19	15	0	4
合计	1901	305	16	308	140	5	163

此外，对软件引用中标注的参考文献类型进行统计分析后发现，图情领域研究者更倾向于引用软件网址，引用比例高达52.92%，远高于出版物和手册/指南，而Howison和Bullard对生物学英文核心期刊论文的调查显示，生物学领域研究者更倾向于引用软件相关出版物[19]。这或许是因为国内现有的文后参考文献著录标准尚未对软件引用有明确规范，引用软件网址对作者来说更为简便。引用最少的类型是手册/指南，仅占1.62%，这可能是因为相当多的软件开发者以论文形式描述说明软件，并未向用户提供可参考引用的手册/指南。

为了进一步探究学者的软件引用行为是否与软件类型有关，首先将被2篇或2篇以上论文使用的118种软件按照用于学术研究是否收费的标准进行分类，分为商业软件和非商业软件。其中，商业软件有51种，非商业软件有67种。对商业软件和非商业软件使用和引用频次进行统计，得知商业软件存在1 061次使用，仅有65次引用，引用率为6%；非商业软件存在580次使用，有166次引用，引用率为29%。使用统计软件SPSS 20.0[21]（SPSS 20.0. IBM SPSS Software）对该组数据进行分析，运用皮尔逊卡方检验进行组间比较，卡方值=156.881，P值=0.000<0.05，两组的软件引用率有显著差异，说明非商业软件更容易获得正

式引用。这或许与非商业软件更可能提供易于引用的出版物有关。

3. 软件特征分析

对发现的358种软件在论文中的分布情况进行统计，其中超过65%的软件仅被1篇论文使用，只有不足15%的软件被5篇或5篇以上论文使用。表5-7列出了被10篇以上论文使用的20种软件。从中可以看出，图书情报学研究中使用较多的有数据处理与分析软件（SPSS、Excel、MATLAB）、网络分析与可视化工具（Ucinet、CiteSpace、Netdraw、Pajek、Bibexcel、TDA、Gephi、VOSViewer）、结构方程模型分析软件（AMOS、LISREL）、自然语言处理与数据挖掘工具（ICTCLAS、LibSVM、Weka）、数据库管理系统（MySQL、SQL Server、Access）以及本体编辑工具（Protégé）。其中，网络分析与可视化工具种类最多，有8种，使用这些软件的论文多达361篇，说明社会网络分析、信息计量和可视化研究是近十年图书情报学研究中的重要研究主题。此外，SPSS和Excel这样的通用软件被情报学研究和图书馆学研究频繁使用，使用这两种软件的论文数量最多；而ICTCLAS、LibSVM和Weka自然语言处理与数据挖掘工具多被《现代图书情报技术》等情报学期刊使用，很少被图书馆学期刊使用，这在一定程度上说明情报学研究与计算机研究联系更为密切。

表 5-7　图书情报领域高频使用的软件

序号	软件名称	论文量	软件主要用途
1	SPSS	376	数据处理、统计分析
2	Excel	144	数据处理与分析、制作图表
3	Ucinet	128	社会网络分析与可视化
4	ICTCLAS	95	中文分词、词性标注、新词识别
5	MATLAB	76	数据分析、数值运算、仿真实验
6	CiteSpace	73	引文网络分析与可视化、文献计量
7	Protégé	68	本体构建、本体编辑
8	NetDraw	52	社会网络分析与可视化
9	SQL Server	51	数据存储与管理
10	Pajek	39	社会网络分析与可视化
11	AMOS	36	结构方程模型分析
12	MySQL	33	数据存储与管理

续表

序号	软件名称	论文量	软件主要用途
13	LISREL	22	结构方程模型分析
14	TDA	20	文献计量、专利分析
15	Bibexcel	18	文献计量、引文分析、为可视化软件提供书目数据
16	Access	17	数据存储与管理
17	Gephi	16	社会网络分析与可视化
18	VOSViewer	15	引文网络分析与可视化、文献计量
19	Weka	15	数据挖掘
20	LibSVM	14	数据挖掘、SVM 模式识别与回归

在网络上进一步查找使用频次≥2 的 118 种软件的产地信息后发现，95 种（81%）软件是国外的，23 种（19%）是我国生产的。图书情报学研究中使用较多的国产软件有汉语词法分析系统 ICTCLAS（95 篇）、书目共现分析系统 BICOMB（7 篇）、内容挖掘软件 ROST Content Mining System（7 篇）、文献题录信息统计分析软件 SATI（7 篇）、中文分词工具包 IKAnalyzer（6 篇）、网页抓取工具火车头采集器（6 篇）。其中，只有汉语词法分析系统 ICTCLAS 跻身前 10。由此可见，目前国内图书情报学研究较少使用国产软件。

5.1.4 结论与展望

软件引用和影响力评价研究可以丰富信息计量分析的研究内容，也可以为科研评价与创新激励提供一个新的维度[22]，还有助于孕育出一个可以对软件进行识别、检索和归类的学术交流体系。本节研究首先构建软件使用和引用特征分析类目表，然后据此对 CSSCI 收录的图情领域 9 种来源刊 2007~2016 年的 9224 篇学术性论文进行编码，最后对编码结果进行统计分析。研究结果显示，使用软件的论文比例总体呈逐步上升趋势，然而软件引用行为并无逐年规范化的趋势，软件引用缺失严重。除此之外，研究者在论文中提及其所使用软件时表现出很大的随意性，超过六成的使用软件的论文没有提供版本、创建者和存储地址等可以帮助读者快速识别和定位软件的相关信息。本节研究选择的是 CSSCI 收录的核心期刊，它们比同类普通期刊有着更严格的学术规范要求。由此可以推断，国内图情领域的软件引用率可能要更低，软件可见性可能更差。

相较于已有研究发现的生物学英文核心期刊论文中的软件引用率（44%），本节研究发现的软件引用率（16%）更低。即使排除了引用率较低的商业软件，本节研究中的非商业软件的引用率（29%）也低于生物学领域。这可能是因为生物学英文核心期刊比中文图书情报学核心期刊有着更严格的学术规范。一些生物学期刊的作者指南中明确提供了指导研究者描述和引用所使用软件的规范，而此次涉及的9种期刊的投稿指南中尚无软件描述和引用要求。另一个原因可能是软件在生物学领域中发挥着更为重要的作用[23]，生物学研究者对软件学术价值的理解比图书情报学更为深刻，生物学领域有着更好的软件工具引用传统。研究还发现，国产软件的使用频次和种类远远低于国外软件。可见，我国有待加大科学软件研发投入，以促进学科发展。

针对我国图书情报学领域软件引用缺失严重的现状，需要通过充分肯定软件的学术贡献、制定统一的软件引用规范、建立稳定可靠的软件存储平台来推进软件引用规范化，促进软件共享和再利用，进而提高科研效率、优化资源配置。鉴于图书情报学研究对软件依赖度的提升，我国图书情报学专业教育中应加强学生开发和使用软件能力的培养。

5.2 国际图书情报领域的软件使用与引用研究

5.2.1 研究问题

在目前的科研评价体系中，科学家们的影响力很大程度上取决于他们的出版物数量。这一趋势促使科学家将出版物作为他们研究的最终成果[24-26]。与传统出版物相比，数据和软件等非出版物成果的价值长期以来一直被低估[6,8,27]。然而，近年来越来越多的非出版物成果（如科学数据和软件）在推动科学理论和实践方面发挥了愈加重要的作用[27-29]。随着非出版成果的重要性逐渐得到认可，一些资助机构如美国国家科学基金会和英国卓越研究框架（UK Research Excellence Framework，REF）等已经将软件、研究数据集和其他非传统产出纳入研究者智力贡献的考虑范围[9-10]。

在非出版物研究成果中，科学数据最受学术界关注，因为人们普遍认识到"科学正在变得数据密集型和协作化"[30-31]。很多研究者从数据共享与再利用、数据管理以及数据引用等多个角度对科学数据进行了大量研究[32-37]。与科学数据相比，科学软件受到学术界的关注较少，并未被广泛认定为科学家的学术贡献。由于商业软件的广泛使用，软件一直被视为辅助性服务[38]。然而，开源运动产生了大量免费软件,其中许多软件近年来在科学界得到了广泛的应用[23,39]。此外,相当一部分科学家花费大量的研究时间开发软件工具来推进他们的研究[4,8]。通常情况下,这些工具随后会被公开[3,40]。已有证据表明,这些开发人员关心他们软件的使用和影响情况[41],并且科学终端用户也有兴趣了解其他人使用过哪些软件[23,29]。因此,一些学者已经开始研究软件在科学出版物中的使用和影响[2,42]。

此类研究主要集中在生物学领域,研究人员已经确认了软件在生物学研究中发挥的重要作用[19,43]。其他研究探讨了诸如R、CiteSpace、HistCite和VOSViewer等特定软件工具在科学出版物中的使用和影响情况,这些软件工具同样被发现对科学研究有着重要影响[42,44]。然而,迄今为止,很少有研究量化科学软件对图书情报学研究的影响。先前的一项研究根据术语表对图书情报学领域论文的标题、摘要或关键词中包含计算术语的论文占比进行了调查,发现2000年后大约2/3的文章提到了计算技术[45]。然而,这项研究并没有将软件作为与其他技术术语和资源不同的单一对象来分析。本节研究通过调查图书情报学领域研究论文全文中明确提及和使用科学软件的程度来填补这一空白。需要指出的是,本节研究中的软件被广泛定义为出于科研目的而使用的软件,包含纯粹为了促进科研工作而设计和用于处理其他相关工作的软件。考虑到对此类软件进行一致性标注难以实现,研究重点关注文章中明确提及的软件,即忽略文章中使用但未明确提及的软件。例如,如果一项研究中这样表述:"a program was written to process the text of each video's title and description",那么该程序就不会包含在我们的分析中。

被引次数经常被用于评估出版物和数据的影响力[27,46],似乎也适用于衡量软件的影响力。然而,我们先前的研究发现,*PLoS One* 期刊论文中使用的软件工具有超过40%没有得到正式引用[39]。Howison和Bullard[19]也同样发现,在生物学文献中56%的被提及软件没有获得正式引用,软件的引用缺失(uncitedness)在生物信息学文献中也很普遍[43]。综上所述,这些前期研究表明,有相当大比例的科学出版物中的软件工具未获得正式引用。然而,迄今为止,人们对科学文献中免费用于学术用途的软件的被引用程度知之甚少。在本节内容中,我们将免费软件定义为可以免费获得的用于学术用途的软件,包括开源软件(如SciMAT和Weka)和免费用于学术用途的非开源软件(如Sci2 Tool和CiteSpace)。早期的证据表明,引用和职业发展等外在的好处,会激励科学家开发和共享软件[47-48]。因此,一项侧重于免费供学术使用的软件的研究,将阐明开发人员在多大程度上因软件开发和共享而获得荣誉。

考虑到很多研究人员引用出版物但没有引用软件,一些学者提出了除了引用次数之外的替代指标,作为评估软件影响力的一种手段。他们认为,提及次数、下载次数、用户数、注册用户数、用户留言数和用户评论数都可以作为衡量软件影响力的指标[2,29,49,50]。这些指标无疑是有用的，但其中部分指标的准确数据很难获取。例如，如果一个无需付费或注册即可下载的软件工具通过多个网站发布，则很难获得它的用户数量。此外，其中一些指标可能对科学软件的学术影响提供有偏差的描述。例如，一些用户可能多次下载某个软件工具，但从未在其研究中使用过它。对此，其他学者们认为，必须加大力度改进软件引用实践，如创建软件引用规则和开发支持软件引用的工具[1,51]。当然，要提高软件引用实践和研究评估的效率，仍有很多工作要做。

在这项研究中，将有关科学软件影响力的现有研究扩展到图书情报学领域，特别关注免费供学术使用的软件的使用和引用情况，旨在回答以下问题：

（1）软件对图书情报学研究有多重要？

（2）图书馆学、情报学研究中如何使用和引用软件（尤其是免费学术使用的软件）？

（3）图书情报学研究人员在多大程度上按照开发者推荐的引用方式引用软件？

对上述问题的探索将帮助人们更加全面地了解软件对科学研究的重要性，并揭示一个更完善和详细的软件引用实践图景。作为第一个针对图书情报学文献中软件引用的实证研究，本节研究也将有助于我们更好地了解科学软件对图书情报学的具体影响。此外，本节研究还探讨了图书情报学研究人员的实际软件引用实践与软件开发人员提出的最佳引用实践之间的差异，找出二者间缺乏一致性的原因，以提高软件使用和学术交流的效率。

5.2.2 数据与方法

1. 数据来源

研究人员从先前一项图书情报学认知结构研究中使用的 16 种期刊列表中选出了 13 种英文图书信息科学（LIS）收录的期刊（表 5-8）。这 16 种期刊本身就经过了严格挑选，选自美国图书馆协会认可的教育项目院长和研究图书馆协会成员图书馆馆长评定的重要 LIS 收录的期刊清单[52]。有 3 种期刊被从原先的 16 种期刊中剔除：*Annual Review of Information Science and Technology* 已于 2011 年停刊，故剔除；而 *Reference & User Services Quarterly* 和 *Library Resources & Technical Service* 则因出版大量实践性论文而被剔除。

表 5-8 13 种用作数据源的 LIS 收录的期刊　　　　　　（单位：篇）

期刊名称	刊名缩写	2008 年	2011 年	2014 年	2017 年	合计
College & Research Libraries	CRL	30	30	41	49	150
Information Processing & Management	IPM	113	64	52	77	306
Information Research	IR	56	46	71	128	301
Information Society	IS	26	23	26	26	101
Journal of Academic Librarianship	JAL	57	60	77	65	259
Journal of Documentation	JD	43	43	53	72	211
Journal of Information Science	JIS	50	52	63	52	217
Journal of the Association for Information Science & Technology	JASIST	185	186	184	202	757
Library & Information Science Research	LISR	30	37	25	34	126
Library Quarterly	LQ	18	16	28	28	90
Library Trends	LT	35	41	33	27	136
Online Information Review	OIR	52	48	52	64	216
Scientometrics	SCI	128	218	346	388	1080

我们将 13 种期刊在 2008 年、2011 年、2014 年和 2017 年发表的 3950 篇研究论文全部下载下来。书评、观点、社论、快报、评论、会议简要以及其他非研究性论文被排除在外，因为此类文章较少包含软件实体。表 5-8 显示了每个期刊的标题、缩写和论文数量。我们的目标是在四个抽样年中从每年每种期刊中抽取至少 15% 的研究性论文。考虑到每年每种期刊发表的论文数量在 60~90 篇，因此，从 2008 年、2011 年、2014 年和 2017 年发表的论文中，我们每年每刊分别随机选取出 11 篇作为研究样本。最终，抽取出 572 篇论文全文作为本节研究的数据集。

2. 内容分析法

研究使用内容分析法对样本文章中科学软件的使用和引用情况进行分析。编码框架是基于 Howison 和 Bullard[19] 的研究创建的，如表 5-9 和表 5-10 所示。第一个编码框架侧重于软件的位置和用途、文章作者提供的软件信息以及软件的引用（表 5-9）。第二个编码框架则关注软件是否可找到、是否可免费供学术研究使用、软件开发者是否在软件网站上提供引用指南，以及该网站上是否包含描述该软件的可引用作品（表5-10）。

表5-9 软件提及和引用编码表

编码	描述
论文 ID	提及该软件的特定论文的 ID。编码人员在开始标注论文之前，手动为每篇文章分配一个唯一的 ID，如 2008JASIST010、2011JD041 和 2014JIS002 等
软件名	软件的名称，如 CiteSpace、Weka、LibSVM
软件使用	指软件是否用于研究。例如，"other software packages（such as CiteSpace or VOSviewer）can also be used to analyze the data"中的 CiteSpace 和 VOSviewer 就被编码为仅提及，但未使用（我们通过继续阅读文章可以确认这一点）
版本号	软件的特定版本号。例如，在"SPSS 20.0"和"XLStat 2010"中，"20.0"和"2010"即为版本号
URL	软件的网址。例如，"Weka 3.0（http://weka.wikispaces.com/）was used to analyze the statistical data of each article"这一句中的 http://weka.wikispaces.com/就是软件 Weka 的 URL
软件引用	指示论文是否在参考文献列表中提供了对该软件的正式引用
参考条目	表示链接到参考文献列表中软件的条目。例如，参考文献列表中有软件 VOSViewer 的参考文献——"Van Eck N J, Waltman L. 2010. Software survey: VOSviewer, a computer program for bibliometric mapping. Scientometrics, 84（2），523-538"，上述内容为 VOSviewer 的参考条目
引用出版物	表明引用特定出版物。例如，一篇论文对 VOSViewer 软件的引用内容为："Van Eck N J, Waltman L. 2010. Software survey: VOSviewer, a computer program for bibliometric mapping. Scientometrics, 84（2），523-538"，编码为引用出版物
引用手册	表明引用未发表的特定用户指南或手册。例如，一篇论文对 CiteSpace 软件的引用内容为"Chen C. 2014. The CiteSpace manual. http://cluster.ischool.drexel.edu/~cchen/citespace/CiteSpace Manual.pdf"，编码为引用手册
引用软件	表明直接引用指向软件网站或项目名称的链接。例如，一篇论文对 VOSViewer 软件的引用内容为："Van Eck N J, Waltman L. 2016. VOSViewer. http://www.vosviewer.com/"，编码为引用软件
符合推荐引证	表明作者是否按照开发人员推荐的方式引用该软件。当软件开发人员列出他们的首选引文时，我们将其与引文条目进行比较

表5-10 软件属性编码表

编码	描述
软件名	软件的名称
可查找	表明是否可以在互联网上找到有关该软件的更详细信息，如该软件的网站和在线用户指南

续表

编码	描述
免费	指示该软件是否可免费供学术使用
参考引文	表示软件网站是否包含有关如何引用该软件的信息
提供可引用的作品	表示软件网站上是否有描述软件的可引用作品（如论文、书籍和手册）

在编码过程中，编码员首先识别出论文中实际使用了的所有软件实体，然后根据上述编码框架和网络搜索结果对识别出的文章和软件实体进行编码。值得注意的是，这项研究重点关注明确使用的软件实体，而不仅仅是在科研论文全文中被提及的软件实体。具体区分与应用方式，可参考该例："Although science mapping software tools such as CiteSpace and Sci2 Tool also can deal with bibliometric data downloaded from Web of Science, this study used software VOSViewer to analyse the terms in the title of all selected papers."。在这里，VOSviewer 被编码为研究中使用的软件，而 CiteSpace 和 Sci^2 Tool 则被编码为提及但未使用的软件。此外，软件引用是指作者在正文中提到软件，并在参考文献列表中列出了与该软件相关的参考文献。例如，在 Journal of the Association for Information Science & Technology 上发表的一篇题为"Detecting the historical roots of research fields by reference publication year spectroscopy（RPYS）"的论文，研究人员发现了这篇论文中有一个提到软件 VOSviewer 的句子："The data are projected onto a two dimensional map using the software VOSViewer（Van Eck & Waltman, 2010）for the mapping and Blondel, Guillaume, Lambiotte, and Lefebvre's（2008）community-finding algorithm for the coloring into 12 disciplines."参考文献列表中 VOSviewer 软件的参考文献为 Van Eck N J, Waltman L. 2010. Software survey, VOSviewer, a computer program for bibliometric mapping. Scientometrics, 84（2）: 523-538.

编码为："VOSViewer"被论文作者使用和引用。论文作者引用了与 VOSViewer 相关的出版物，软件引用模式标注为引用出版物。

由两位编码员对随机抽取的 30 篇论文进行编码，并使用 Cohen's kappa 统计系数检验二者间的一致性。使用 ReCal2[20,53] 计算每个类别的卡帕系数，发现系数在 0.87~1，表明二者具有很好的一致性[54]。

本节研究对使用软件的论文数量、软件被提及次数以及软件被引用次数进行了统计，以评估软件对图书情报学研究的影响。在这三种情况下，均以论文作为计数单位。例如，一篇论文使用 VOSviewer 来分析文献计量数据，并在正文中三次提及 VOSviewer，且在参考文献列表中提及一次。在这种情况下，"使用 VOSviewer 的论文"的计数加 1，将"VOSviewer 提及"的计数加 1，将"VOSviewer 引用"

的计数加1。

5.2.3 研究结果

1. 软件对图书情报学研究有多重要？

在所调查的572篇图书情报学期刊论文中，有153篇（27%）明确提及并使用了软件。与之前基于90篇生物学论文的研究[19]中发现的提及软件的论文比例（65%）相比，图情领域使用软件的论文比例较小。需要指出的是，研究并未考虑提及但实际并未使用软件的文章，这可能是上述比例较小的原因之一。按年份来看，2008年、2011年、2014年、2017年的软件使用率分别为27%、21%、29%、31%（153篇中的38篇、30篇、41篇和44篇）。与之前对9种中文图情期刊所刊载论文的研究发现，使用软件的论文比例（从2007年的6%到2016年的21%）相比，英文图情期刊论文使用软件的比例更高。总体而言，软件对发表在英文期刊上的研究似乎比发表在中文期刊上的更重要。此外，研究发现，虽然使用软件的英文图情期刊论文的比例并没有随着时间的推移持续增加，但2014年和2017年的比例高于2008年和2011年。值得注意的是，有一定比例的作者使用软件但没有明确提及软件名称，2014年发表的143篇文章中有7篇此类文章。这表明，事实上，图情领域超过27%的文章都使用了软件。研究还发现，2014年发表的143篇文章中6篇使用了作者开发的程序。可见，图情领域研究人员有时必须为他们的研究开发软件，而不是简单地使用他人开发的软件。

表5-11列出了各期刊中使用软件的论文数量。期刊间存在明显差异：*Library & Information Science Research*（LISR）和 *Journal of Academic Librarianship*（JAL）论文中超过40%的论文使用了软件，而 *The Information Society*（IS）、*Library Quarterly*（LQ）和 *Library Trends*（LT）上发表的论文中有不到20%的论文使用软件。有趣的是，根据之前对图书情报学认知结构研究中的期刊分类[55]，四种主要以图书馆学为导向的期刊中的两种期刊 *College & Research Libraries*（CRL）和 *Journal of Academic Librarianship*（JAL）的文章使用软件比例高于除 *Library & Information Science Research*（LISR）和 *Online Information Review*（OIR）之外的所有其他期刊。排名前四的另外两种期刊 *Library Quarterly*（LQ）和 *Library Trends*（LT）使用软件的文章比例较除 *The Information Society*（IS）之外的所有其他期刊都要少。相比之下，在 *Information Processing & Management*（IPM）和 *Journal of the Association for Information Science & Technology*（JASIST）这两本最注重情报学的期刊上发表的文章中，有20%明确提及和使用了软件，这一比例低于大多数

其他图书情报学期刊。总体而言，图书馆学类期刊组（包括 CRL、JAL、LQ 和 LT）和情报学类期刊组（包括 IPM、JASIST、JD 和 JIS）使用软件的论文比例没有显著差异。

表 5-11　各年份 LIS 收录期刊中使用了软件的论文数量和比例

期刊	2008年（篇）	比例（%）	2011年（篇）	比例（%）	2014年（篇）	比例（%）	2017年（篇）	比例（%）	TotalY（篇）	比例（%）
CRL	3	27	6	55	4	36	3	27	16	36
IPM	2	18	0	0	3	27	4	36	9	20
IR	3	27	3	27	6	55	1	9	13	30
IS	1	9	1	9	2	18	1	9	5	11
JAL	6	55	4	36	4	36	4	36	18	41
JASIST	1	9	1	9	4	36	3	27	9	20
JD	4	36	2	18	2	18	5	45	13	30
JIS	3	27	3	27	3	27	3	27	12	27
LISR	6	55	3	27	4	36	7	64	20	45
LQ	3	27	2	18	1	9	1	9	7	16
LT	1	9	0	0	1	9	0	0	2	5
OIR	3	27	4	36	4	36	5	45	16	36
SCI	2	18	1	9	3	27	7	64	13	30
TotalJ	38	/	30	/	41	/	44	/	153	27
P（%）	/	27	/	21	/	29	/	31	27	/

注："比例"列各期刊对应单元格的值等于左侧单元格的数值除以 11 再乘以 100%；TotalY 表示各期刊在四个采样年发表的使用软件的论文总量；若 TotalY = 153，则比例等于 TotalY 除以 572（即本研究选取的论文总数），否则比例等于 TotalY 除以 44（即 4 个采样年从每个期刊中选取的文章总数）；TotalJ 表示该 13 种期刊每年发表的使用软件的论文总数；如果 TotalJ 等于 153，则 P 等于 TotalJ 除以 572，否则 P 等于 TotalJ 除以 143（即每年从 13 种期刊中选出的文章总数）。

从 572 篇论文中总共识别出 75 个不同的软件实体，每个软件实体都被明确提及和使用，且这些软件实体共被提及 218 次。在这 75 个软件实体中，统计软件 SPSS 的使用频率最高，被提及 52 次，这表明大约 9% 的图情论文使用了 SPSS 软件。这些论文中还使用了其他统计软件工具，如 SAS、Stata、Minitab 和 XLSTAT。Excel、Access 和 SQL Server 等数据存储和处理工具也是图情研究中经常使用的工具。除了这些通用软件工具外，文献计量与可视化软件（如 Bibexcel、BICOMS、CiteSpace、Sci2、Thomson Data Analyzer、VantagePoint 和 VOSviewer）、社会网络分析软件（如 Netdraw、NodeXL、Pajek 和 Ucinet）、结构方程建模工具（如 AMOS、LISREL 和 SmartPLS）以及数据挖掘/自然语言处理工具（LIBSVM、MALLET、NLPIR 和 Weka）也均已被图情研究人员采用。本节研究的样本有七种不同的文献计量与可视化软件，比任何其他可识别类型的软件工具都要多。

2. 软件在图书情报学研究中是如何被使用和引用的？

在上述识别出的 75 种软件中，有 69 种可在互联网上找到，还有 6 种不能。在人工检查所有 69 种软件后，我们发现其中 33 种是商业软件（商业软件组），36 种免费供学术使用（免费软件组）。商业软件共被使用了 156 次，而免费软件工具共被使用了 56 次。这一结果表明，平均而言，商业软件工具在图书情报研究中使用得更频繁，尽管它们的数量少于免费软件工具。本次研究发现与先前的一项相关研究[23]不同，先前研究发现生物信息学领域研究人员使用商业软件工具的频率远低于我们这里所说的免费软件工具。此外，如表 5-12 所示，图书情报学研究中使用的免费软件数量从 2008 年的 6 个增加到了 2017 年的 27 个。同时，发现免费软件的提及比例从 2008 年的 12% 上升到 2017 年的 4.8%，表明此类软件对于图书情报学研究变得越来越重要。

表 5-12 软件提及量的年度分布情况

项目	2008 年	2011 年	2014 年	2017 年	合计
免费软件/个	6	8	15	27	56
所有类型的软件/个	52	39	54	73	218
比例/%	12	21	28	37	26

注：比例表示免费软件（即免费供学术使用的软件）的提及率，其计算方法为：免费软件提及量/所有类型的软件提及量。

位置和版本信息对于希望找到特定软件工具的读者很有用，然而，在提及的 75 个软件中，分别只有 6% 和 23% 在其文本中包含网址和版本信息，72% 的提及仅提供了软件名称，没有提供更多信息。这表明，当图书情报学研究人员记录其软件使用情况时，经常会忽略软件的网址和版本号等描述性信息。这一发现与我们之前对知识图谱软件工具的使用、引用和传播的研究结果一致。

此外，在提及的 75 个软件中，只有 18% 包含参考文献。2008 年、2011 年、2014 年和 2017 年的软件引用率分别为 8%、15%、15% 和 29%，总体呈上升趋势。这反映了过去几年中为改进软件引用实践所做的广泛努力，如创建软件引用标准和开发支持软件引用的工具。

对软件的相关引文进行更深入的检查，结果如表 5-13 所示。在 39 篇软件引文中，25 篇（64%）引用了相关出版物，14 篇（36%）直接引用了软件（其中

10 篇包含了软件网站的链接），没有一篇引用用户手册。由此可见，图书情报学研究人员在引用他们使用过的软件时似乎最有可能引用相关出版物。研究发现与 Yang 等[43]的观察形成了对比，后者发现生物学家更喜欢直接引用软件。表 5-13 还显示，在本次研究样本中唯一的信息计量学期刊（SCI）上发表文章的研究人员最有可能对软件进行正式引用，而在大多数图书馆学期刊（CRL、JAL、LQ 和 LT）上发表文章的作者没有对软件进行正式引用。

表 5-13 LIS 收录期刊论文中的软件引用率

期刊	提及数量（个）	引用数量（个）	引用率（%）	出版物（个）	软件自身（个）	手册（个）
CRL	18	0	0	0	0	0
IPM	14	3	21	3	0	0
IR	15	1	7	0	1	0
IS	5	2	40	0	2	0
JAL	22	0	0	0	0	0
JASIST	11	1	9	0	1	0
JD	25	9	36	7	2	0
JIS	21	8	38	4	4	0
LISR	28	2	7	2	0	0
LQ	12	0	0	0	0	0
LT	3	0	0	0	0	0
OIR	26	4	15	2	2	0
SCI	18	9	50	7	2	0
总计	218	39	18	25	14	0

3. 图书情报学研究人员在多大程度上按照开发者推荐的引用方式引用软件？

研究使用 SPSS（IBM SPSS Statistics for Windows，Version 20；Armonk，NY：IBM Corp）分别对商业软件和免费软件的引用率进行了计算，结果如表 5-14 所示。从表 5-14 可以发现，11%（95% CI：0.06~0.16）的商业软件工具获得了引用，而 38%（95% CI：0.24~0.51）的免费供学术使用的软件工具获得了引用。两组之间的引用率存在统计学意义上的显著差异（双尾皮尔逊卡方检验，$P<0.05$）。一个可能的原因是研究人员不认为商业软件需要引用，因为商业软件通常被视为"支持服务"[47]和"标准"软件工具[56]。另一个可能的原因是免费

软件的开发者更有可能提供有关如何引用其软件的信息并在其网站上提供可供引用的出版物。事实上，只有 7 个（33 个中的 21%）商业软件工具在其网站上提供了软件相关出版物，而 29 个（36 个中的 81%）免费软件提供了此类出版物。

表 5-14　四组类型的软件引用率

分组	提及数量（个）	引用数量（个）	引用率（%）	95% 置信区间
商业软件组	156	17	11	0.06~0.16
免费软件组	56	21	38	0.24~0.51
提及引用组	28	13	46	0.27~0.66
未提及引用组	28	8	29	0.11~0.46

接下来本节的研究将注意力转向免费软件开发者提供的引用指南。由于商业软件开发者旨在售卖软件而非提高它们的学术声誉[19]，故予以忽略。在 36 个免费软件工具中，有 15 个（42%）在其网站上包含了引用指南。此外，一些开发者在软件主页以外的地方提供了关于如何引用其软件的信息。例如，CiteSpace 和 Pajek 的创建者分别在软件界面和用户手册中提供了软件引用建议。这些发现提供的证据表明，相当一部分免费软件开发者关心其软件的引用情况。

进一步根据开发者是否在其网站上提供引用信息将免费软件分为两组。其中，第一组为提及引用组（含 15 个软件，使用次数为 28 次），其余软件组成未提及引用组（含 21 个软件，使用次数为 28 次）（表 5-14）。提及引用组的软件引用率为 46%，高于未提及引用组（29%）。一方面，结果表明提供软件引用说明对改进软件引用实践有一定的益处；另一方面，尽管开发者在其网站上提供了引用信息，但仍有超过 50% 的软件提及并未包含正式引用。

现在重点关注提及引用组，其网站提供了引用指南的 15 个软件工具。如表 5-15 所示，15 个软件工具中有 8 个（53%）软件的开发者建议引用软件相关出版物，6 个（40%）建议直接引用软件，还有 1 个（7%）建议引用用户手册。这说明软件开发者推荐的软件引用形式缺乏一致性，而这可能是当前软件引用实践呈现多样性的原因之一。研究还发现，只有 2 名软件开发者建议提及软件的明确版本信息，7 名开发者建议提及软件的网址。尽管 DOI 越来越多地被推荐用于软件引用，并且可以通过将代码提交到 Zenodo 等数字存储库中轻松获得[1,51]，但发现没有任何一位开发人员在软件引用说明中提供可引用的 DOI。这 15 个软件工具在 22 篇论文中总共被使用了 28 次，但只有 10 个软件工具（15 个中的 67%）获得引用，并且只有 13 次引用。值得注意的是，2017 年有 8 次软件引用，2014 年有 3 次，剩余 2 次则在 2011 年。即使在被引用的软件工具中，也只有 6 个是按照开发者推荐的引用形式引用，换言之，以开发者推荐形式引用软件的占比仅为 21%。但这同时也意味着近 80% 的图书情报学研究人员在记录软件使用时没有遵循开发人员推荐的引用形式引用软件。

表 5-15 在其网站上提供引用说明的免费软件基本统计数据

软件名称	推荐引用	版本号	URL	提及数量（个）	引用数量（个）	依照推荐引用（次）
AntConc	引用软件	Yes	No	1	0	0
BibExcel	引用出版物	No	No	2	0	0
BICOMS	引用出版物	No	No	1	1	1
GeoDa	引用出版物	No	No	1	0	0
LIBSVM	引用出版物	No	Yes	2	2	1
MALLET	引用软件	No	Yes	1	1	1
NetDraw	引用出版物	No	No	2	1	0
NodeXL	引用软件	No	Yes	4	2	0
plyr	引用软件	No	Yes	1	0	0
Publish or Perish	引用软件	No	Yes	1	1	1
R	引用用户手册	No	Yes	4	1	0
Sci2	引用软件	No	Yes	2	1	1
Stanford Parser	引用出版物	Yes	No	1	1	1
Webometric Analyst	引用出版物	No	No	2	0	0
Weka	引用出版物	No	No	3	1	0
总计	—	—	—	28	13	6

注："推荐引用"为软件开发者推荐的软件引用目标类型；"版本号"表示开发者推荐的软件引用内容中包含了软件的版本号信息；"URL"表示开发者推荐的软件引用内容包含该软件网站的链接；"依照推荐引用"表示论文作者按照开发者推荐的引用形式对软件进行引用的次数。

5.2.4 讨论与结论

本节研究探讨了软件对图书情报学研究的重要性，以及在科技文献中免费供学术使用的软件的使用和引用情况。此外，研究还探讨了软件引用指令的发布和遵循程度。首先从 13 种图情期刊于 2008 年、2011 年、2014 年和 2017 年发表的 3950 篇研究论文中选取 572 篇作为样本，然后运用内容分析法识别出软件工具以及这些软件工具的特征。

研究结果表明，近 30% 的图书情报研究性论文明确提及和使用软件，且近年来研究对软件的依赖程度越来越高。必须指出的是，图书情报学研究实际上比本研究中所发现的情况更依赖软件，因为一些研究人员未能在图书情报学文献中明确记录他们对软件的使用。尽管某些通用软件工具（如文字处理软件）比其他通用软件工具（如统计软件）被图情领域研究人员更频繁地使用，但它们在图书情报学文献中却很少被提及。由于应该提到哪些软件，目前还没有明确的答案。故对研究人员如何决定在他们的文章中提及哪些软件知之甚少。一般来说，认为应该在出版物中提到对研究结果重要的软件。同时，也认可研究者可能不需要记录他们对某些通用软件工具的使用情况（如 Microsoft Word、LaTeX 和 Microsoft Excel），这些软件工具不会影响研究结果并且可以被许多其他工具所取代。然而，要明确定义哪些软件应该在出版物中提及仍然非常困难。例如，不同的学者对提及统计软件工具（如 SPSS 和 SAS）持有不同的看法：一些学者认为没有必要提及这些工具，因为它们都给出完全相同的结果；其他学者则持相反观点，因为提及此类软件工具可以让年轻的研究人员和学生了解未来可以使用哪些软件进行类似的研究。我们同意后一种观点。尽管本次研究尚不能确定软件对图书情报学研究的重要性的确切程度，但我们的研究结果为在这方面成功进行深入研究提供了基准。

研究结果还显示，图书情报学研究人员以多种方式提及和引用软件。只有 6% 的研究人员提供了网址信息，23% 研究人员提供了版本信息，超过 70% 的研究人员在论文中只提及了软件名称。不到 20% 的软件在参考文献列表中被提及，表示对软件的正式引用。即使在正式引用研究中所使用软件的图书情报学研究人员，在选择引用内容方面也存在明显的不一致：64% 的研究人员引用与软件相关的出版物，而 36% 的研究人员直接引用软件本身。与此同时，研究结果表明，图书情报学研究人员越来越依赖免费供学术使用的软件，而这些软件的开发者对做出科学贡献和建立学术声誉更感兴趣。然而，超过 60% 的此类免费软件并未在参考文献列表中提及，即对软件正式引用。此外，尽管超过 40% 的免费软件工具开发者在他们的网站上提供了软件引用说明，但他们对引用内容存在不同的看法：这些开发者中，有 53% 的人建议用户引用与软件相关的出版物，40% 的人建议用户直接引用该软件，7% 的人建议用户引用使用手册。这些推荐的软件引用内容形式的多样性可能是软件引用实践不一致的原因之一。

研究发现，尽管没有达到统计显著程度，有官方引用说明的免费软件工具的平均引用率要高于无此说明的工具。在之前的一项对蛋白质数据库引用的研究中，研究人员发现用户倾向于按照引用说明引用数据存储库[56]。这与本次研究的结果形成鲜明对比：即使是带有官方引用说明的免费软件工具，也常常仅被提及而无引用。此外，相当一部分研究人员没有遵循开发者提出的软件引用说明进行引用，但他们确实对软件进行了某种形式的正式引用。

第 5 章 | 基于科学论文全文本数据的软件影响力研究

目前关于如何在出版物中提及软件尚未达成一致。一般来说，研究人员应该明确地提及对其研究重要的软件名称，并提供该软件的详细信息（如版本号、位置信息和创建者），以帮助读者找到该软件。此外，本书同意 Smith 等人的观点，即"软件本身应该与任何其他研究成果（如论文或书籍）一样被引用；作者应该引用适当的软件产品集，就像他们引用适当的论文集一样"[51]。这并不意味着应该在论文中引用所有对研究重要的软件。商业软件的开发者更感兴趣的是获得金钱回报，而不是做出科学贡献。例如，一项研究使用 SPSS 来分析数据，作者可以在文中提及该软件，而不是正式引用该软件，如："Data analysis was performed with SPSS（IBM SPSS Statistics for Windows, Version 20; Armonk, NY: IBM Corp.）"。然而，对研究很重要的免费软件（包括开源软件和免费供学术使用的非开源软件）应该被引用，因为其开发者对赢得学术声誉更感兴趣。一些引文格式指南为软件引用提供了格式，如美国心理学会的出版手册和 IEEE 编辑风格手册（IEEE editorial style manual）。APA 建议作者直接引用软件本身[57]，而 IEEE 编辑风格手册建议作者引用软件手册[58]（IEEE periodicals）。此外，软件开发人员可能会建议用户引用与该软件相关的出版物。事实上，本书更愿意建议作者按照 APA 的建议那样直接引用软件本身，因为直接引用软件本身将有助于区分软件自身的影响和与该软件相关的出版物的影响。APA 提供的软件参考格式为："Rightsholder.（Year）. Title of Software or Program（Version number）[Type of software]. Retrieved from http：//xxxxxxx"。例如，CiteSpace 可以这样引用："Chen, C.（2018）. CiteSpace（5.3.R4）[Computer software]. Retrieved from http://cluster.ischool.drexel.edu/~cchen/citespace/download/"。同时，本书也建议软件开发者对其软件提出明显的引用要求，并在其网站上提供明确的软件引用说明，以改进软件引用实践。

本节的研究还存在一些局限，特别是它只关注了 13 种期刊，尽管这些期刊是根据图情领域专家意见从期刊列表中选出的并全部被 Web of Science 收录，但是不一定能够非常准确地反映出整个图情领域的软件使用和引用行为。然而，之前的研究提供的证据表明，与本次研究的期刊相比，中文图书情报学期刊更少地依赖软件[59]。此外，样本量小可能会对结果产生一些影响，需要更大样本量的进一步研究来证实这些初步发现。需要注意的是，在解释本次研究所发现的结果时，需要将免费软件工具很少附有官方引用说明这一限制考虑在内。

尽管存在上述局限，本节的研究仍对图书情报学研究中软件使用与引用的三个重要方面进行了探讨：软件对图书情报学领域的重要性、免费供学术使用的软件的使用和引用情况，以及图书情报学研究人员按照推荐引用形式引用软件的程度。我们的研究结果让我们更全面地了解软件对科学研究的重要性，并揭示了软件开发人员提供的软件引用说明和图书情报学研究人员的软件引用实践中严重缺乏一致性的问题。然而，许多有趣的问题仍未得到解答。未来可以对用户是怎样选择引用内容的，为什么用户不按开发者推荐的形式引用软件，以及免费供学术使用的软件开发者如何提出此类引用建议等问题展开研究。

5.3 软件使用与引用的学科差异研究

5.3.1 研究问题

软件对科学研究至关重要——它被应用于进程控制、数据分析和知识传播等诸多研究实践中。科学家们认为，软件在他们的研究中起着重要作用[3,19]，并且花费了多达40%的工作时间在软件开发和使用上[3-4]。他们还认为，共享软件有利于科学界，因此他们努力减少软件使用的障碍，免费和开源软件的流行就证明了这一点[39]。也有人认为，学术声誉是许多科学家开发和共享软件的主要动力[5,60]。

尽管人们一致认为软件于科学界有利，但它长期以来仍一直被视为一种支持服务而非正式研究成果[38]。许多研究发现，承认软件出处的做法并不一致[19,39,60]。因此，存在一种明显的紧张关系：一方面，科学家投入大量精力开发软件，他们的软件使得科学界受益；另一方面，在现行科研评价体系中软件通常不像出版物那样被认可——正如Poisot[8]指出的那样，"科学家有动力写好论文，却没有动力开发好软件"。

最近，科学家们开始意识到这个问题，认识到科学家影响力评估应考虑包括出版物以及软件和数据等非传统研究成果[7]。在这些非传统型研究成果中，研究数据已引起了学术界和工业界的关注，研究者和实践者对数据复用[28,61]、数据发布[62]、数据共享[31]、数据引用[63]和数据评估[64]等议题展开了广泛讨论。相比之下，软件的价值还有待探索和认识。科学家们刚刚开始了解软件的生命周期及其对科学研究的潜在影响，他们在美国国家科学基金赞助的研讨会等场所进行了对话[65-66]。无论如何，仍有许多问题仍然没有答案，特别是在不同学科交流渠道的软件使用和引用模式方面。

我们之前对全文软件实体识别的研究[39]使我们能够研究软件使用和引用的学科特征。在之前的工作中，我们从2014年 *PLoS One* 上发表的文章中自动识别出2000多个软件实体。在本节研究中，重点研究这些软件实体如何在各种学科中被使用和引用的。本书中的引文是指与参考文献列表中的条目相关的正式引文。具体而言，本节研究拟解决以下问题：

（1）不同学科的科学文献中使用了多少软件？

（2）不同学科的科学文献中引用了多少软件？软件使用和引用的学科差异是什么？

（3）哪些类型的软件更有可能获得引用，为什么？

上述问题答案的价值体现在两个方面：首先，它们提供了对软件在科学中的重要性的见解；其次，它们有助于为设计混合指标奠定基础，以评估软件的全方位影响，并帮助建立一个包含数字成果在内的更具包容性的科学评估体系。

5.3.2 数据与方法

本节研究将多学科期刊 *PLoS One* 2014 年刊载的所有论文都下载下来进行分析。该数据集的访问点由公众可免费访问的 PubMed Central Open Access Subset（http://www.ncbi.nih.gov/pmc/tools/openftlist/）提供。Jsoup 是一个 java 的 HTML 解析器，用于从 HTML 文件（Jsoup）中提取论文文本。这些论文的方法部分被选为识别软件实体的中间数据集，因为之前的研究发现大多数软件实体都在方法部分中被提及[39]。这个包含 9571 篇论文的数据集被用作识别软件实体的输入。本次研究运用之前提出的改进的自适应软件识别方法[39]从数据集中自动识别出软件实体。这种自适应的软件识别方法是一种弱监督方法，需要少量种子术语和未标记的文本语料库作为输入。该方法首先使用种子术语（如 BibExcel、LIBSVM、SPSS 和 SAS）生成候选模式。然后，对候选模式进行排序，并使用排名靠前的模式识别候选实体。接下来，对候选实体进行评分，并选择得分高的实体作为学习实体。之后，学习到的实体被用来生成可以以迭代方式抽取更多软件实体的模式。为提高方法性能，研究采用了模式准确性度量和多个实体特征来过滤未标记的实体。随机抽取 386 篇论文作为测试集，人工从中标记了 470 个软件实体。这些人工标记的实体被当成是评估自适应软件识别算法性能的黄金标准。迭代学习过程结束时，该方法的准确率和召回率分别为 0.94 和 0.42。总体而言，该方法的 F_1 得分最高，为 0.58，优于 Pan 等[39]选择的三种基线方法。然后，使用该方法从 9571 篇论文中识别软件实体，并从中识别出 2342 个独特的软件实体。

将没有预先指定 *PLoS One* 类别的论文予以舍弃之后共剩 9548 篇论文，从这些论文中识别出了 2334 个独特的软件实体。*PLoS One* 的 23 个学科类别中每一类别的论文分布情况如表 5-16 所示。从表 5-16 可以看出，不同类别间的论文数量存在较大差异。

表 5-16 论文的学科分布

序号	学科	论文量（篇）	序号	学科	论文量（篇）
1	生物学与生命科学	6289	13	数学	157
2	医学与健康科学	4569	14	农学	138
3	生物学	1675	15	化学	134
4	调查和分析方法	1653	16	计算机科学	109
5	医学	1346	17	工程学	107
6	物理科学	879	18	兽医学	90
7	生态与环境科学	645	19	物理学	84
8	社会科学	519	20	科学政策	80
9	计算机和信息科学	445	21	地域和人物	68
10	地球科学	423	22	材料学	42
11	工程与技术	361	23	天文学	1
12	社会及行为科学	199			

考虑到 PLoS One 提供的 23 个学科类别仍然有改进的空间，我们根据学科相似性将其进一步分为 12 个学科。表 5-17 列出了整合后的 12 个新学科类别，这种整合将有助于我们进行分析并得出简洁的结论。

表 5-17 整合后的 12 个新学科类别

序号	整合后的学科类别	原学科类别	论文数量（篇）
1	生物学	生物学、生物学与生命科学、兽医学	7971
2	医学与健康科学	医学与健康科学	5915
3	调查和分析方法	调查和分析方法	1653
4	物理学	物理学、天文学、物理科学、社会科学、社会及行为科学	964
5	社会科学	科学政策	785
6	生态与环境科学	生态与环境科学	645
7	计算机和信息科学	计算机科学、计算机与信息科学	554
8	工程学	工程与技术、工程学、材料学	496
9	地球科学	地球科学	423
10	数学	数学	157
11	农学	农学	138
12	化学	化学	134

本节研究统计了软件提及次数和引用次数以评估软件对科学的影响。*PLoS One* 中的引文用方括号表示，括号内的整数是引用 ID，如 "[1]"。例如，在 "In this paper, Webometric Analyst 2.0 and Weka 3.0 were to extract and analyze the statistical data of each paper[1-2]" 这句话中，"Webometric Analyst" 和 "Weka" 的被引次数为 1 次，因为每个软件后面都有引用。研究使用 100 个句子的随机抽样来测试假设的准确性，这些句子包含一个或多个软件实体以及至少在软件实体之后出现一个引用。人工检查从软件实体开始到句子结尾的子字符串中是否出现了对软件的引用，结果表明 100 个句子都是正确的。

分别用句子和论文作为计数单位，当以句子为计数单位时，使用下面两个公式来计算软件提及和引用次数。某一个学科中软件的提及次数计算如下：

$$\text{Mentions}_{\text{software } i} = \sum_{p=1}^{n} \sum_{s=1}^{m_p} \text{MScore}(\text{software}_i)$$

式中，n 为某学科的文章数；m_p 为论文 p 包含的句子数。如果句子中包含 software$_i$，则 MScore（software$_i$）为 1；否则，它等于 0。同样的，引用次数的计算公式如下：

$$\text{Citations}_{\text{software } i} = \sum_{p=1}^{n} \sum_{s=1}^{m_p} \text{CScore}(\text{software}_i)$$

假设如下，如果一个句子包含 software$_i$，并且在子字符串中有一个从 software$_i$ 开始到这个句子末尾的引文，那么 CScore（software$_i$）等于 1，否则为 0。也就是说，对于一篇文章中提到的每个软件实体，计算了提及它的句子的数量。然后，将句子的数量作为该文的软件提及次数。最后，将属于某个学科的每篇论文的软件提及次数汇总为该学科的软件提及次数。对于每一次软件提及，本次研究还评估是否有引用，并且再次将文章和学科层面的引用汇总为软件引用次数。

此外，还以论文作为计数单位：如果某个软件实体出现在一篇论文中，无论出现多少次，其被提及的次数都是 1；否则，其次数为 0。当统计某个软件实体的引用次数时，将评估论文中所有提到该软件的句子是否存在引用：如果有引用，无论出现多少次，其引用次数都计为 1 次。随后，汇总学科层面的提及次数和引用次数。图 5-3 显示了如何计算软件的提及和引用次数。

研究人员编写了一个程序来计算每个识别出来的软件实体的提及次数和引用次数。该程序匹配了数据集中的 2342 个软件实体。对匹配过程设置了一定的约束，以提高计算软件实体提及和引用次数的准确性，当识别出的软件实体中包含大写字母时，匹配的术语应包含至少一个大写字母，或者在特定上下文中包含正向的触发词（即 package、program、software、tool、toolbox 和 toolkit）或版本号，如果识别出的软件实体不包含大写字母，则匹配的术语无需包含大写字母。

> Article #1 包含了3个提及软件的句子：
> 句1：In this paper, Webometric Analyst 2.0 and Weka 3.0 were used to extract andanalyze the statistical data ofeach paper [1][2].
> 句2：Each query was submitted to an application programming interface using Webometric Analys to get the statistical data ofeach paper.
> 句3：The Weka [2], VOSViewer [8] and CiteSpace [9] software were employed toanalyze the dataset.
> 结果：
> Article #1 中提及四个软件实体：Webometric Analyst、Weka、VOSViewer 和 CiteSpace；
> 以句子为计数单位：论文 Article #1 的软件提及次数为6；软件引用次数为5。
> 以论文为技术单位：论文 Article #1 的软件提及次数为4；软件引用次数为4。

图 5-3 软件的提及和引用次数计算示例

值得注意的是，分析单位是句子级别，一个软件实体在句子中多次出现也只计算一次。例如，对于句子"We used the SPSS（SPSS for Windows，Version 18.0，Chicago，IL，USA）to analyze the dataset"，提及次数为1，引用次数为0。另外，为简单起见，忽略软件实体的版本信息，如 SAS 9.2 和 SAS 9.3 合并为 SAS。一个软件实体的变型也被合并，如 Image J 和 Image J 合并为 Image J。

本节研究使用三个样本集来探索哪些类型的软件更有可能获得引用。首先，随机抽取了30个没有获得任何正式引用的软件实体，并人工检查这些软件是否为商业软件。其次，选取每个学科中最常被提及的前10个软件实体作为样本集，以检验免费供学术使用的软件是否更有可能获得引用。根据这些是否是商业软件将这些软件实体分为两组，并使用 IBM SPSS（SPSS，version 20；IBM Corp.，Armonk，NY）对两组软件的引用缺失率是否存在显著差异进行检验。最后，选取每个学科中被引频次最高的前10个软件实体，并根据它们是否为商业软件将其分为两组，并根据这些软件的开发者是否要求用户对他们的软件或相关出版物进行引用将非商业软件实体分为两个较小的组，然后计算出各组软件引用缺失率的均值并与其他组进行比较。

5.3.3 研究结果

在 5.3.1 小节中，对12个学科中的每一个学科的软件实体分布、软件使用与引用以及软件引用缺失率结果予以呈现。在 5.3.2 小节中，本次研究利用各学科中获得最多提及和引用次数的软件探讨哪些类型的软件更有可能获得引用。

1. 软件使用与引用的学科特征

图 5-4 显示了2334个软件实体在12个学科中的分布情况。361个（15.47%）

软件实体仅被用于某一个学科领域，683 个（29.26%）用于两个领域中，474 个（20.31%）用于三个学科领域中。12 个软件（即 ArcGIS、Clustal W、Cluster X、ESTIMATES、ImageJ、JMP、MATLAB、Microsoft Access、Microsoft Excel、SAM、SAS、SPSS）用于所有 12 个学科领域。

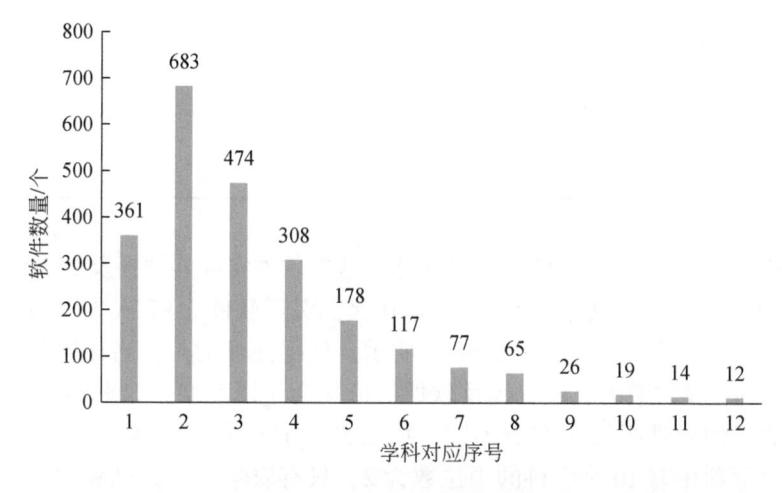

图 5-4　软件数量与学科数量

（序号对应的学科信息见表 5-17）

9548 篇论文中有 7602 篇（79.62%）提及软件。表 5-18 显示了软件实体的学科分布情况。从表中可以发现软件分布存在学科差异：86% 的农学类论文包含软件，61% 的数学类论文包含软件。软件似乎在某些学科（如农学、医学和健康科学以及生物学）中的使用比其他学科（如数学、计算机和信息科学以及社会科学）更广泛。之前的一项研究发现，90 篇生物学论文样本中有 65% 提及了软件[19]，而研究表明，80% 的生物学论文提及了软件实体。

表 5-18　软件实体的学科分布

学科	论文总量（篇）	提及软件论文量（篇）	提及软件论文占比（%）
农学	138	118	86
医学与健康科学	5915	4795	81
生物学	7971	6400	80
调查和分析方法	1653	1318	80
生态与环境科学	645	474	73
化学	134	98	73

续表

学科	论文总量（篇）	提及软件论文量（篇）	提及软件论文占比（％）
工程学	496	351	71
物理学	964	676	70
地球科学	423	285	67
社会科学	785	494	63
计算机和信息科学	554	342	62
数学	157	96	61

7602篇论文提及了2334个软件实体，这些软件实体共被提及25 860次，被引7381次。平均每篇文章提及软件3.40次，引用软件0.97次。以句子为计数单位的各学科软件提及次数如表5-19所示。值得注意的是，当计算各学科领域每篇文章的提及次数时，没有提及软件的论文会予以忽略。如表5-19所示，不同学科的平均软件提及率有所不同，从2.57（社会科学）到4.79（农学）不等。12个学科中有10个学科的中位数为2，只有农学、计算机和信息科学的中位数更高，为3。

表5-19 以句子为计数单位的各学科文献中的软件提及情况

学科	论文总量（篇）	提及次数（次）	平均提及次数（次）	中位数	众数
生物学	6 400	23 392	3.66	2	1
医学与健康科学	4 795	13 268	2.77	2	1
调查和分析方法	1 318	3 951	3.00	2	1
物理学	676	2 086	3.09	2	1
生态与环境科学	474	1 928	4.07	2	1
计算机和信息科学	342	1 425	4.17	3	1
社会科学	494	1 268	2.57	2	1
工程学	351	1 089	3.10	2	1
地球科学	285	909	3.19	2	1
农学	118	565	4.79	3	1
化学	98	346	3.53	2	1
数学	96	274	2.85	2	1

注：论文总量表示提及软件的论文数量；提及次数表示相应学科论文提及软件的总次数；平均提及次数=提及次数/论文总量。

在对软件提及情况进行两两学科比较之前,为了保证准确性,先从每个学科的论文列表中删除了同属于两个学科的论文。由于这些学科的软件提及呈非正态分布,研究使用一系列曼-惠特尼 U 检验来识别哪些学科提及的软件与其他学科有显著差异。检验结果如表 5-20 所示。从表 5-20 可以看出,农学与其他学科(生物学除外)间在软件提及次数方面存在显著差异。生物学和其他学科(农学、生态与环境科学除外)之间在软件提及次数方面也存在显著差异。农学和生物学领域的科学家更有可能在文章中提及软件,而社会科学和数学领域的学者则不太可能这样做。

表 5-20　基于曼-惠特尼 U 检验的软件提及次数的学科差异

学科	物理学	化学	生物学	社会科学	医学与健康科学	计算机和信息科学	数学	工程学	地球科学	生态与环境科学	调查和分析方法
农学	**0****	**0****	0.415	**0****	**0****	**0****	**0****	**0****	**0****	0.203	**0****
物理学		0.797	**0****	**0****	**0.008****	**0.004****	**0.001****	0.189	**0.012***	0.203	0.050*
化学			0.003**	**0****	0.237	**0.001****	**0.004****	**0.002****	0.360	0.251
生物学				**0****	**0****	**0****	**0****	**0****	**0****	0.126	**0****
社会科学					**0****	0.174	0.662	**0.004****	**0.041***	**0****	**0****
医学与健康科学						**0****	**0****	**0****	**0****	0.101	0.395
计算机和信息科学							0.08	0.967	0.265	0.062	**0.008****
数学								0.023*	0.360	**0.001****	**0****
工程学									0.005**	0.679	0.799
地球科学										0.002**	0.066
生态与环境科学											0.008**

* 表示在 $p=0.05$ 水平显著,** 表示在 $p=0.01$ 水平显著;以粗体显示的 p 值表示列中的学科低于行中的学科(如粗体显示的第 2 行第 2 列单元格中的 p 值表示物理学中的软件提及次数少于农学)。

表 5-21 显示了以文章为计数单位的各学科提及和引用软件的次数。所有学科的软件提及和引用模式一致。发现在数据集中存在广泛的软件引用缺失:只有 22%(医学与健康科学)~54%(生态与环境科学)的软件提及包含引文。在生物学领域,66% 的软件提及没有任何正式引用。与 Howison 和 Bullard[19] 的发现(报告引用缺失率为 56%)相比,本节研究的引用缺失率更高。这可能是因为 Howison 和 Bullard[19] 在研究中使用的期刊中有 24% 的期刊对如何引用软件有明确的政策,但 *PLoS One* 在 2014 年没有这样的政策。

表 5-21　以论文为计数单位的各学科文献中的软件提及情况

学科	论文总量（篇）	提及次数（次）	引用次数（次）	平均提及次数（中位数）	平均引用次数（中位数）	引用缺失率（%）
生物学	6400	18257	6285	2.85（2）	0.98（2）	66
医学与健康科学	4795	10842	2364	2.26（2）	0.49（1）	78
调查和分析方法	1318	3125	784	2.37（2）	0.59（1）	75
物理学	676	1569	534	2.32（2）	0.79（1）	66
生态与环境科学	474	1425	771	3.01（2）	1.63（2）	46
社会科学	494	963	277	1.95（1）	0.56（1）	71
计算机和信息科学	342	888	437	2.60（2）	1.28（1）	51
工程学	351	776	219	2.21（2）	0.62（1）	72
地球科学	285	677	299	2.38（2）	1.05（1）	56
农学	118	440	192	3.73（2）	1.63（3）	56
化学	98	254	71	2.59（2）	0.72（1）	72
数学	96	189	61	1.97（2）	0.64（1）	68

注：论文总量表示相应学科提及软件的论文数量；提及次数表示相应学科论文提及软件的总次数；平均提及次数=提及次数/论文总量；平均引用次数=引用次数/论文总量；引用缺失率=（平均提及次数−平均引用次数）/平均提及次数。

本节研究使用一系列曼-惠特尼 U 检验来评估不同学科间在引用软件方面是否存在差异，检验结果如表 5-22 所示。从表中数据可以看出，生态与环境科学、计算机和信息科学领域的科学家在文章中提及软件时更有可能引用软件，而医学与健康科学以及调查和分析方法领域的科学家则不太可能对他们在文章中提及的软件进行正式引用。

表 5-22　基于曼-惠特尼 U 检验的软件引用缺失的学科差异

学科	物理学	化学	生物学	社会科学	医学与健康科学	计算机和信息科学	数学	工程学	地球科学	工程学	调查和分析方法
农学	0.112	0.038*	0.453	0.025*	0**	**0.049***	0.339	0.023*	0.170	**0.002***	0**
物理学		0.211	0.640	0.327	0**	0**	0.560	0.353	0**	0**	0**
化学			0.376	0.776	0.005**	0**	0.408	0.709	**0.002***	0**	0.127
生物学				0.075	0**	0.471	0.497	0.099	0.910	0.159	
社会科学					0**	0**	0.988	0.727	0**	0**	0**
医学与健康科学						0**	0**	0**	0**	0**	0**

续表

学科	物理学	化学	生物学	社会科学	医学与健康科学	计算机和信息科学	数学	工程学	地球科学	工程学	调查和分析方法
计算机和信息科学							0.004**	0**	0.416	0.129	0**
数学								0.472	**0.003****	0**	0.010**
工程学									0**	0**	0.007**
地球科学										**0.003****	0**
生态与环境科学											0**

＊表示在 $p=0.05$ 水平显著；＊＊表示在 $p=0.01$ 水平显著；以粗体显示的 p 值表示列中的学科低于行中的科学。

图 5-5 显示了以论文为计数单位的各学科的软件提及率（平均每篇文章的软件提及次数）和引用率（平均每篇文章的软件引用次数）。将 12 个学科分别根据上述两个比率进行降序排序。软件提及率最高的前 6 个学科和后 6 个学科分别被分为高提及率组和低提及率组。同样，将平均被引率排名前 6 和后 6 的学科分别划分为高引用率组和低引用率组。这 12 个学科被分为如下四组：①高提及率与高引用率组：农学、生物学、生态与环境科学、计算机和信息科学以及地球科学；②高提及率与低引用率组：化学；③低提及率与高引用率组：物理学；④低提及率与低引用率组：数学、工程学、调查和分析方法、社会科学、医学与健康科学。

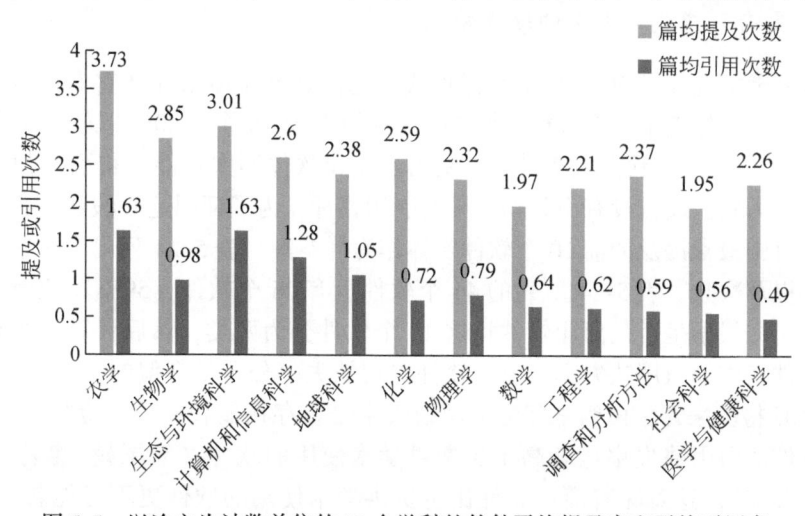

图 5-5 以论文为计数单位的 12 个学科的软件平均提及率和平均引用率

表 5-23 显示了每个学科领域中提及和引用的软件实体数量。本节研究还计算了各个学科中的软件引用缺失率。该指标表明，生态与环境科学、计算机和信息科学以及地球科学领域内的软件引用实践优于其他学科领域。另一方面，在化学领域超过 60% 的软件没有获得引用。我们的结果表明，在评估软件对科学的影响时，需要将全文中提及软件的数量考虑在内。

表 5-23 各学科领域中的软件数量及引用缺失率

学科	提及的软件量（个）	引用的软件量（个）	引用缺失率（%）
化学	165	55	67
数学	119	53	55
工程学	358	160	55
调查和分析方法	876	400	54
社会科学	313	147	53
医学与健康科学	1611	792	51
物理学	599	308	49
农学	257	136	47
生物学	2251	1317	41
计算机和信息科学	436	276	37
地球科学	289	186	36
生态与环境科学	480	314	35

2. 更有可能获得引用的软件特征

研究随机选择了 30 个从未获得正式引用的软件实体来评估它们是否是商业软件。在人工检查了所有 30 个软件后，我们发现 18 个（60%）软件是商业软件，12 个（40%）软件免费供学术使用。商业软件不太可能获得引用似乎是合理的，因为它们通常没有出版物那样的引用目标。为了证明这一假设，我们选择每个学科中最常提及的前 10 个软件实体作为样本集。表 5-24 列出了这些软件实体及其提及次数。表 5-24 所列的 44 个软件里有 26 个软件（59%）免费供学术使用。研究根据是否是商业软件将这 44 个软件分为两类，然后计算两个类别中每个软件实体的引用缺失率。由于软件引用缺失率分布是有偏的，因此采用曼－惠特尼 U 检验来评估两组之间的引用缺失率是否存在显著差异。检验结果显示，商业软件的引用缺失率显著高于免费供学术使用的软件（双尾曼－惠特尼 U 检验：$p<0.05$）。这意味着商业软件比免费供学术使用的软件更不可能获得引用。研究还发现，一些统计软件（如 SPSS、SAS）和图像处理软件（如 ImageJ）因

其显著的适用性而在多个领域得到广泛应用。对于每个学科，最常提及的 10 个软件中有超过 3 个软件免费供学术使用。我们的结果显示了免费软件在不同学科中的受欢迎程度。

表 5-24　以句子为计数单位的每个学科中最常提及的 10 个软件

学科	最常提及的 10 个软件
农学	SPSS（24）；**MEGA**（15）；**BLAST**（14）；JMP（14）；SAS（13）；**Structure**（10）；**BLASTX**（9）；**RDP**（9）；**PRIMER**（8）；AxioVision（8）
生物学	SPSS（1330）；**ImageJ**（1011）；SAS（431）；MATLAB（417）；**BLAST**（398）；**MEGA**（356）；Excel（344）；Stata（305）；FlowJo（258）；**Prism**（242）
化学	SPSS（19）；SigmaPlot（10）；**ImageJ**（10）；SAS（9）；AMBER（9）；MOE（8）；**ENM**（8）；JMP（7）；Excel（7）；**GROMACS**（7）
计算机和信息科学	MATLAB（77）；**SPM**（30）；**Pfam**（29）；SPSS（29）；**PSI-BLAST**（22）；**Weka**（22）；**GSEA**（21）；**BLAST**（18）；ArcGIS（18）；SAS（17）
地球科学	SPSS（55）；ArcGIS（52）；SAS（30）；**Mothur**（27）；**MEGA**（20）；**ImageJ**（18）；**QIIME**（17）；**MaxEnt**（17）；Excel（16）；MATLAB（15）
生态与环境科学	SPSS（80）；ArcGIS（66）；SAS（52）；**Vegan**（44）；**QIIME**（43）；**MEGA**（40）；**BLAST**（39）；**ImageJ**（36）；**Arlequin**（35）；**Mothur**（32）
工程与技术、工程学、材料学	MATLAB（82）；SPSS（61）；**ImageJ**（57）；**SPM**（34）；SAS（32）；**FSL**（19）；SVS（18）；**GSEA**（17）；Excel（16）；**FastICA**（14）
数学	SAS（18）；**SPM**（15）；SPSS（15）；MATLAB（15）；Stata（15）；**Pfam**（11）；PLS（7）；**GlobalTest**（7）；**STAR**（6）；**SAM**（6）
医学与健康科学	SPSS（1461）；**ImageJ**（644）；Stata（553）；SAS（448）；MATLAB（237）；Excel（230）；FlowJo（195）；**Prism**（186）；**SPM**（183）；Adobe Photoshop（139）
物理学	SPSS（107）；MATLAB（107）；Stata（85）；**ImageJ**（74）；SAS（41）；Excel（39）；**SPM**（31）；**FSL**（19）；**Review Manager**（19）；**BLAST**（18）
调查和分析方法	SPSS（321）；**ImageJ**（216）；Stata（159）；MATLAB（127）；SAS（97）；Excel（88）；Adobe Photoshop（54）；**Prism**（49）；Ingenuity Pathway Analysis（47）；**BLAST**（46）
社会科学	SPSS（144）；**SPM**（91）；Stata（83）；MATLAB（68）；SAS（46）；Excel（26）；Adobe Photoshop（26）；E-Prime（25）；**Talairach**（19）；**SAM**（18）

注：免费供学术使用的软件以粗体显示。

表 5-25 显示了各学科中引用次数最多的前 10 个软件。表 5-25 中有 62 个软件实体，其中 50 个（81%）是免费供学术使用的。免费软件更有可能获得引用，这可能是因为免费软件的开发者通常会要求用户对其软件或可引用出版物进行引用。为进一步调查这一现象，通过人工检查了这些高被引软件相关信息，发现

30个软件（60%）的开发者在他们的网站上提供了如何引用其软件的信息。研究结果表明，科学家期望他们的成果（无论是传统出版物还是数字成果）得到适当的认可，因而对其软件的影响非常感兴趣，这反过来又为他们的成果在科学界的价值提供了证据。此外，将62个软件实体分为三组：第一组包含12个商业软件；第二组包含30个软件，其开发者在其网站中提供了如何引用其软件的信息；第三组则包含剩余的20个软件。研究计算出三组的平均软件引用缺失率：第一组为66%，第二组为47%，第三组为36%。这可能因为免费供学术使用的软件通常有相关出版物，并且其开发者更有可能告诉用户如何引用该软件。这意味着提供引用目标以及有关如何引用软件的信息可能会改善软件引用实践。

表5-25 以句子作为计数单位的每个学科中引用次数最多的10个软件

学科	被引用次数最多10个软件
农学	MEGA（9）；BLAST（6）；Mothur（5）；Structure（5）；PHYLIP（5）；RDP（4）；Arlequin（4）；Blast2GO（3）；Pfam（3）；QIIME（3）
生物学	MEGA（233）；ImageJ（115）；BLAST（106）；MUSCLE（96）；Clustal W（94）；Arlequin（81）；MrBayes（75）；BioEdit（68）；Structure（66）；Bowtie（62）
化学	Modeller（5）；AMBER（5）；REFMAC（4）；MOE（4）；phenix（3）；PyMOL（2）；Mothur（2）；HKL-2000（2）；Phaser（2）；CO2SYS（2）
计算机和信息科学	PSI-BLAST（10）；MATLAB（9）；SPM（8）；Weka（8）；GROMACS（7）；AMBER（7）；LIBSVM（6）；SAM（6）；BLAST（6）；MaxEnt（6）
地球科学	MEGA（15）；MaxEnt（14）；ArcGIS（14）；Mothur（13）；Vegan（9）；QIIME（7）；Random Forests（7）；PAST（6）；TNT（5）；PRIMER（5）
生态与环境科学	Vegan（32）；MEGA（31）；Arlequin（25）；Mothur（22）；MaxEnt（20）；Structure（17）；ArcGIS（17）；QIIME（15）；MrBayes（15）；RDP（15）
工程与技术	SPM（11）；ImageJ（10）；MATLAB（8）；FSL（8）；SVS（5）；MEGA（5）；Refmac（4）；RDP（4）；ASA（4）；Mothur（3）
数学	SPM（7）；STAR（3）；PSI-BLAST（3）；TAC（3）；EMBOSS（2）；SAM（2）；MATLAB（2）；Globaltest（2）；Spine-X（2）；MaxEnt（2）
医学与健康科学	ImageJ（60）；Stata（53）；MEGA（52）；SPM（42）；PLINK（35）；MATLAB（34）；SPSS（30）；FSL（29）；SAS（28）；Haploview（27）
物理学	VMD（15）；MATLAB（14）；AMBER（13）；Refmac（12）；ImageJ（11）；FSL（11）；Stata（10）；SPM（10）；Phenix（9）；CHARMM（9）
调查和分析方法	ImageJ（30）；Stata（23）；MATLAB（18）；BWA（15）；TopHat（13）；BLAST（11）；MEGA（10）；MUSCLE（10）；SAMtools（10）；Cufflinks（10）

续表

学科	被引用次数最多10个软件
社会科学	**SPM**（18）；Stata（18）；MATLAB（16）；**EEGLAB**（8）；**SAM**（8）；SPSS（7）；**Talairach**（6）；**FreeSufer**（5）；FSL（5）；**REST**（4）

注：免费供学术使用的软件以粗体标记；开发者提到如何引用其软件的，以斜体标记。

5.3.4 讨论与结论

本小节对软件在不同学科的科学文献中的使用和影响力进行了研究。本节研究以 2014 年 *PLoS One* 上发表的 9548 篇论文为研究数据集，该数据集被分为 12 个学科。然后，运用先前研究中提出的自适应的软件自动识别方法[39]从数据集中识别出软件实体。最后，通过提及次数和引用次数等指标探究识别出的 2334 个软件实体在 12 个科学中的使用情况。

软件实体在不同学科中的分布提供的证据表明，软件在数据集中所代表的不同学科分支中被广泛使用。12 个学科中的 2334 个软件实体被提及 25 860 次。研究发现，9548 篇论文中高达 80% 的文章提及了软件，并且每个学科超过 60% 的文章至少提及了一个软件。需要更多的数据来检验科学软件的使用，以概括研究中的发现。研究还发现了软件分布的学科差异：农学、医学与健康科学领域超过 80% 的论文提及软件，而数学、计算机和信息科学以及社会科学领域只有约 60% 提及软件。这些发现回答了不同学科的科学文献中使用了多少软件的研究问题。

本节研究同时以句子和论文为计数单位来计算每个学科科学论文全文中的软件提及和引用次数，并使用一系列 Mann-Whitney U 检验来评估软件提及次数和软件引用缺失率在不同学科间是否存在显著差异。证据表明，软件提及次数存在学科差异：农学和生物学领域的科学家更有可能提及软件，而社会科学和数学领域的学者则不太可能这样做。软件引用也存在学科差异：生态与环境科学、计算机和信息科学等领域中的软件引用实践优于其他学科。此外，结果显示，在每一个学科中都有超过 30% 的软件没有获得引用。这些发现表明，在评估软件对科学的影响时，应考虑全文中的软件提及次数。这些发现解决了不同学科的科学文献中引用了多少软件，软件使用和引用的学科差异是什么的研究问题。

最后，选出每个学科中被提及和引用次数最多的前 10 个软件实体以探讨哪些类型的软件更有可能获得引用。商业软件和非商业软件在引用缺失率方面具有统计学上的显著差异。免费供学术使用的软件更有可能获得引用。我们还发现，网站上提供了如何引用该软件信息的软件的平均引用缺失率为 36%，远低于没有提供此类引用指导信息的商业软件和非商业软件。这些发现表明，提供软件引用目标和引用方式可以改善软件引用实践。上述发现解决了哪些类型的软件更有可能获得引用和为什么的研究问题。此外，本节研究还发现，在 50 个高被引免费软件中，有 60% 的网站提供了如何引用该软件的信息。这表明软件开发者对其软件的受欢迎程度和影响力有着浓厚的兴趣。这一发现反过来证实了建立一个同时包含出版物和数字成果在内的更具包容性的科学评估系统的必要性。

本节研究的一个局限是选择 PLoS One 作为唯一的数据来源。PLoS One 期刊中的软件提及和引用缺失情况可能不同于其他期刊。一项关于生物学中软件使用的研究发现，影响因子较高的期刊更有可能提及和正式引用软件[19]。对软件引用提出要求的期刊与直到 2015 年才提出此类要求的 PLoS One 之间在软件引用方面也可能存在差异。最后，尽管 PLoS One 涵盖多学科领域，但该期刊刊载的生物医学研究远多于其他学科。因此，本节研究的发现可能无法有效地揭示软件在其他领域的使用情况，特别是在社会科学和人文领域。在解释本节研究的发现时应注意这些局限性。在未来的工作中，研究人员将使用更多数据源来证实本研究的发现，考虑将特定领域的开放获取期刊作为新的数据源。未来的另一个研究方向则是通过民族志方法探究软件使用和引用的学科文化。

5.4 本章小结

本章主要包括三部分内容：一是我国图书情报领域的软件使用与引用研究；二是国际图书情报领域的软件使用与引用研究；三是软件使用与引用的学科差异研究。其中，第一项研究使用内容分析法对国内图情领域 9 种核心期刊论文全文中的软件使用和引用情况进行分析发现，13.87% 的国内图情学论文使用了软件且使用软件的论文比例总体呈上升趋势，已从 2007 的 5.53% 上升至 2016 年的 20.80%，然而软件引用行为并无逐年规范化的趋势，软件引用缺失严重。研究还发现，国产软件在我国图书情报学研究中发挥作用有限，国内软件研发投入有待提高。

第二项研究使用内容分析法对 13 种国际图情领域核心期刊论文中软件使用和引用情况进行分析发现，近 30% 的国际图书情报学论文明确提及和使用软件，且近年来图书情报学研究对软件的依赖程度越来越高。然而，仅有不到 20% 的软件提及包含了对软件的正式引用，且软件提及和引用软件形式多样。

第三项研究使用自适应的软件自动识别方法从综合性期刊 PLoS One 中识别出软件实体，据此探究软件实体的使用和引用是否存在学科差异。该研究发现，软件在不同学科中都获得广泛使用，每个学科都有超过 60% 的文章提及了软件，但在每一个学科中都有超过 30% 的软件没有获得引用。由此可见，在评估软件对科学的影响时，应考虑全文中的软件提及次数。研究还发现，软件提及次数存在学科差异：农学和生物学领域的科学家更有可能提及软件，而社会科学和数学领域的学者则不太可能这样做。此外，软件引用也存在学科差异：生态与环境科学、计算机和信息科学等领域中的软件引用实践优于其他学科。

参 考 文 献

[1] Soito L, Hwang L J. Citations for software: Providing identification, access and recognition for research software [J]. International Journal of Digital Curation, 2017, 11 (2): 48-63.

[2] Pan X, Yan E, Hua W. Disciplinary differences of software use and impact in scientific literature [J]. Scientometrics, 2016, 109 (3): 1593-1610.

[3] Hannay J E, MacLeod C, Singer J, et al. How do scientists develop and use scientific software? [C] //Proceedings of the 2009 ICSE Workshop on Software Engineering for Computational Science and Engineering, Vancouver: IEEE, 2009: 1-8.

[4] Prabhu P, Kim H, Oh T, et al. A survey of the practice of computational science [M] //state of the practice reports. New York, IEEE, 2011: 1-12.

[5] Howison J, Herbsleb J D. Incentives and integration in scientific software production [C] // Proceedings of the 2013 Conference on Computer Supported Cooperative Work. San Antonio: ACM, 2013: 459-470.

[6] Hafer L, Kirkpatrick A E. Assessing open source software as a scholarly contribution [J]. Communications of the ACM, 2009, 52 (12): 126-129.

[7] Piwowar H A. Value all research products [J]. Nature, 2013, 493 (7431): 159-159.

[8] Poisot T. Best publishing practices to improve user confidence in scientific software [J]. Ideas in Ecology and Evolution, 2015, 8: 50-54.

[9] National Science Foundation. GPG summary of changes [EB/OL]. [2023-09-07]. https://www.nsf.gov/pubs/policydocs/pappguide/nsf09_29/gpg_sigchanges.jsp.

[10] Research Excellence Framework. Output information requirements [EB/OL]. [2023-09-07]. https://www.ref.ac.uk/guidance-and-criteria-on-submissions/guidance/submitting-research-outputs/.

[11] 杨波, 王雪, 佘曾溧. 生物信息学文献中的科学软件利用行为研究 [J]. 情报学报, 2016, 35 (11): 1140-1147.

[12] 刘宇, 叶继元, 袁曦临. 图书情报学期刊的分层结构：基于同行评议的实证研究 [J]. 中国图书馆学报, 2011, 37 (2): 105-114.

[13] 苏芳荔, 孙建军. 期刊引用认同指标在期刊评价中的适用性分析 [J]. 中国图书馆学报, 2012, 38 (1): 96-104.

[14] 张力, 唐健辉, 刘永涛, 等. 中外图书情报学研究方法量化比较 [J]. 中国图书馆学报, 2012, 38 (2): 21-27.

[15] 丁楠, 丁莹, 杨柳, 等. 我国图书情报领域数据引用行为分析 [J]. 中国图书馆学报,

2014, 40 (6): 105-114.

[16] Krippendorff K. Content analysis: An introduction to its methodology [J]. The British Journal of Sociology. 2018, 58 (2): 317-340.

[17] 黄崑, 王凯飞, 王珊珊, 等. 内容分析法在国外图情领域的应用研究 [J]. 图书馆学研究, 2016, (6): 2-9.

[18] Chu H. Research methods in library and information science: A content analysis [J]. Library & Information Science Research, 2015, 37 (1): 36-41.

[19] Howison J, Bullard J. Software in the scientific literature: problems with seeing, finding, and using software mentioned in the biology literature [J]. Journal of the Association for Information Science and Technology, 2016, 67 (9): 2137-2155.

[20] Freelon, D. ReCal: Intercoder reliability calculation as a web service [J]. International Journal of Internet Science, 2010, 5 (1): 20-33.

[21] SPSS 20.0. IBM SPSS Software [CP/OL]. [2023-09-07]. https://www.ibm.com/analytics/us/en/technology/spss/.

[22] 侯经川, 方静怡. 数据引证研究: 进展与展望 [J]. 中国图书馆学报, 2013, 39 (1): 112-118.

[23] Huang X, Ding X, Lee C P, et al. Meanings and boundaries of scientific software sharing [C] //Proceedings of the 2013 Conference on Computer Supported Cooperative Work, San Antonio: ACM, 2013: 423-434.

[24] Fanelli D. Do pressures to publish increase scientists' bias? An empirical support from US States data [J]. PLoS One, 2010, 5 (4): e10271.

[25] Jacob B A, Lefgren L. The impact of research grant funding on scientific productivity [J]. Journal of Public Economics, 2011, 95 (9-10): 1168-1177.

[26] Wang X, Liu D, Ding, K, et al. Science funding and research output: A study on 10 countries [J]. Scientometrics, 2012, 91 (2): 591-599.

[27] Belter C W. Measuring the value of research data: A citation analysis of oceanographic data sets [J]. PLoS One, 2014, 9 (3): e92590.

[28] Chao T C. Disciplinary reach: Investigating the impact of dataset reuse in the earth sciences [J]. Proceedings of the American Society for Information Science and Technology, 2011, 48 (1): 1-8.

[29] Howison J, Deelman E, Mclennan M J, et al. Understanding the scientific software ecosystem and its impact: Current and future measures [J]. Research Evaluation, 2015, 24 (4): 454-470.

[30] National Science Foundation. Scientists Seeking NSF Funding Will Soon Be Required to Submit Data Management Plans [EB/OL]. [2023-09-07]. https://www.nsf.gov/news/news_summ.jsp?cntn_id=116928.

[31] Tenopir C, Allard S, Douglass K, et al. Data sharing by scientists: Practices and perceptions [J]. PLoS One, 2011, 6 (6): 1-21.

[32] Altman M, Borgman C, Crosas M, et al. An introduction to the joint principles for data citation [J]. Bulletin of the American Society for Information Science and Technology, 2015, 41 (3): 43-45.

[33] Mooney H, Newton M. The anatomy of a data citation: Discovery, reuse, and credit [J]. Journal of Librarianship and Scholarly Communication, 2012, 1 (1): eP1035.

[34] Nelson B. Empty archives: most researchers agree that open access fo data os the scientific ideal, so what is stopping it happening? Bryn Nelson investigates why many researchers choose not to share [J]. Nature, 2009, 461 (7261): 160-164.

[35] Piwowar H A, Vision T J. Data reuse and the open data citation advantage [J]. PeerJ, 2013, 1: e175.

[36] Wallis J C, Rolando E, Borgman C L. If we share data, will anyone use them? Data sharing and reuse in the long tail of science and technology [J]. PLoS One, 2013, 8 (7): e67332.

[37] Witt M, Carlson J, Brandt D S, et al. Constructing data curation profiles [J]. International Journal of Digital Curation, 2009, 4 (3): 93-103.

[38] Howison J, Herbsleb J. The sustainability of scientific software: Ecosystem context and science policy [R/OL]. [2023-09-07]. University of Texas at Austin. http://james.howison.name/pubs/HowisonHerbsleb-Sustainability.pdf.

[39] Pan X, Yan E, Wang Q, et al. Assessing the impact of software on science: A bootstrapped learning of software entities in full-text papers [J]. Journal of Informetrics, 2015, 9 (4): 860-871.

[40] Nguyen-Hoan L, Flint S, Sankaranarayana R. A survey of scientific software development [C] //Proceedings of the 2010 ACM-IEEE International Symposium on Empirical Software Engineering and Measurement, Bolzano-Bozen: ACM, 2010: 1-10.

[41] Trainer E H, Chaihirunkarn C, Kalyanasundaram A, et al. From personal tool to community resource: What's the extra work and who will do it? [C] //Proceedings of the 18th ACM Conference on Computer Supported Cooperative Work & Social Computing, Vancouver: ACM, 2015: 417-430.

[42] Li K, Yan E, Feng Y. How is R cited in research outputs? Structure, impacts, and citation standard [J]. Journal of Informetrics, 2017, 11 (4): 989-1002.

[43] Yang B, Rousseau R, Wang X, et al. How important is scientific software in bioinformatics research? A comparative study between international and Chinese research communities [J]. Journal of the Association for Information Science and Technology, 2018, 69 (9): 1122-1133.

[44] Pan X, Yan E, Cui M, et al. Examining the usage, citation, and diffusion patterns of bibliometric mapping software: A comparative study of three tools [J]. Journal of Informetrics, 2018, 12 (2): 481-493.

[45] Thelwall M, Maflahi N. How important is computing technology for library and information science research? [J]. Library & Information Science Research, 2015, 37 (1): 42-50.

［46］ Cartes-Velásquez R, Manterola Delgado C. Bibliometric analysis of articles publishedin ISI dental journals, 2007-2011 ［J］. Scientometrics, 2014, 98（3）：2223-2233.

［47］ Howison J, Herbsleb J D. Scientific software production：Incentives and collaboration ［C］// Proceedings of the ACM 2011 Conference on Computer Supported Cooperative Work. Hangzhou：ACM, 2011：513-522.

［48］ Roberts J A, Hann I H, Slaughter S A. Understanding the motivations, participation, and performance of open source software developers：A longitudinal study of the Apache projects ［J］. Management Science, 2006, 52（7）：984-999.

［49］ Thelwall M, Kousha K. Academic Software Downloads from Google Code：Useful Usage Indicators? ［J］. Information Research：An International Electronic Journal, 2016, 21（1）：n1.

［50］ Zhao R, Wei M. Impact evaluation of open source software：An Altmetrics perspective ［J］. Scientometrics, 2017, 110（2）：1017-1033.

［51］ Smith A M, Katz D S, Niemeyer K E. Software citation principles ［J］. PeerJ Computer Science, 2016, 2：e86.

［52］ Nisonger T E, Davis C H. The perception of library and information science journals by LIS education deans and ARL library directors：A replication of the Kohl-Davis study ［J］. College Research Libraries, 2005, 66：341-377.

［53］ Freelon D. ReCal2：Reliability for 2 Coders ［CP/OL］. ［2017-10-16］. http://dfreelon.org/utils/recalfront/recal2/.

［54］ Altman D G. Practical Statistics for Medical Research ［M］. Boca Raton：CRC Press, 1990.

［55］ Milojević S, Sugimoto C R, Yan E, et al. The cognitive structure of Library and Information Science：Analysis of article title words ［J］. Journal of the American Society for Information Science and Technology, 2011, 62（10）：1933-1953.

［56］ Huang Y H, Rose P W, Hsu C N. Citing a data repository：A case study of the protein data bank ［J］. PLoS One, 2015, 10（8）：e0136631.

［57］ American Psychological Association. Publication manual of the American Psychological Association（6th ed）［M］. Washington D. C.：American Psychological Association, 2010.

［58］ IEEE Periodicals. IEEE Editorial Style Manual ［Z/OL］. ［2023-09-07］. Piscataway：IEEE, 2014. http://ieeeauthorcenter.ieee.org/wp-content/uploads/IEEE_Style_Manual.pdf.

［59］ Cui M, Pan X, Hua W. Software usage and citation in the field of library and information science in China ［J］. Journal of Library Science in China, 2018, 44（235）：66-78.

［60］ Trainer E, Chaihirunkarn C, Herbsleb J. The big effects of short-term efforts：A catalyst for community engagement in scientific software ［C］//Proceedings of the Workshop in Sustainable Software for Science：Practice and Experience（WSSSPE）. 2013.

［61］ Rolland B, Lee C P. Beyond trust and reliability：Reusing data in collaborative cancer epidemiology research ［C］//Proceedings of the 2013 Conference on Computer Supported Cooperative Work. San Antonio：ACM, 2013：435-444.

[62] Candela L, Castelli D, Manghi P, et al. Data journals: A survey [J]. Journal of the Association for Information Science and Technology, 2015, 66 (9): 1747-1762.

[63] Robinson García N, Jiménez Contreras E, Torres-Salinas D. Analyzing data citation practices using the data citation index [J]. Journal of the Association for Information Science and Technology, 2016, 67 (12): 2964-2975.

[64] Piwowar H A, Chapman W W. Public sharing of research datasets: A pilot study of associations [J]. Journal of Informetrics, 2010, 4 (2): 148-156.

[65] Katz D S, Choi S C T, Lapp H, et al. Summary of the first workshop on sustainable software for science: Practice and experiences [J]. Journal of Open Research Software, 2014, 2 (1): 1-21.

[66] Katz D S, Choi S C T, Wilkins-Diehr N, et al. Report on the Second Workshop on Sustainable Software for Science: Practice and Experiences (WSSSPE2) [J]. 2015, arXiv preprint arXiv: 1507.01715.

第 6 章 基于科学软件实体视角的软件影响力研究

本章从科学软件实体视角分别对知识图谱软件的使用、引用与扩散，以及开源软件的使用与引用进行研究，多维度分析科学软件的影响力。

6.1 知识图谱软件的使用、引用与扩散研究

6.1.1 研究问题

软件对科学研究至关重要，它帮助研究者们识别问题、分析数据、将结果可视化以及传播知识。事实上，每一步研究工作都会受到软件的影响[1]。但是在目前主要由出版物驱动的科研评价体系中，软件的学术价值一直被低估甚至是被忽视。近年来随着免费供学术使用的软件种类大幅增加，这一问题显得尤为突出[2-3]。随着数据的价值日益得到认可[4-5]，大量的免费软件在学术界被投入使用[6]，一些学者们认为软件研发也应该被视为学术贡献[7-8]。早在 2013 年、2014 年美国国家科学基金会和英国卓越研究框架就分别开始将软件认定为科学家的有效成果。尽管如此，很多资助机构、政策制定者和管理人员尚未重视和效仿[8]。因此，有必要测度软件的影响力，以便使用者更好地理解其价值，并在科技评价和学术交流中更好地显现该价值。

引用频次和期刊影响因子等文献计量指标经常被用来评价学术论文、研究者和机构的影响力[9-11]，这些指标使得评估耗时少且客观[5-6]。文献计量学在科技评价中的重要性日益增强[4]，以及计算和信息服务的最新发展[12]，导致一些学者提出可以用文献计量指标来测度更广泛的知识实体的影响力，如疾病、药物、数据集和软件等[13-14]。然而，近期关于数据引用的研究发现，科学论文中大量的数据集并未获得正式引用[15-16]。同样，从 PLoS One 刊载论文的研究发现，超过三成的论文提及了软件但未正式引用[17]。Howison 和 Bullard[18]发现，超过五成的生物学期刊论文提及了软件但未附引文。总而言之，这些先前的研究表明，除被引次数外还需要使用其他指标来评估软件的影响力。在我们能够声称全面了解

软件对科学研究的影响之前，还需要进行大量研究。

通过引文研究知识扩散已成为图书情报学领域的一个标准课题[19]。研究者们从论文到期刊、研究领域，再到机构和国家对科学知识在多个层面的传播扩散进行了探索[20-23]。在这些研究中，引用通常被视为知识从被引文献流向施引文献的象征；具体而言，即施引和被引通常被视为传播的来源和目标。学者们提出了多种知识扩散测度方法来衡量论文、专利、手册、数据集等研究成果的影响力和扩散模式[5,24-25]。然而，很少有研究试图将这些方法应用于软件。本节将使用几种量化扩散指标对软件的扩散模式和学术影响力进行调查研究。

在本节研究中，当软件在科研论文中被使用，则认定它在学术交流系统中得以扩散。被使用的软件和使用该软件的论文被视为扩散的来源与目的。基于上述假设，本节研究采用知识扩散指标来探索文献计量可视化软件在科学论文中是如何被使用和扩散的。文献计量可视化软件，有时也被称为知识图谱软件，是为进行文献计量可视化分析而开发的程序[26]。文献计量图谱旨在呈现科学研究的结构和动态，是文献计量学领域的一个重要研究课题[27-28]。学术界已经创建出许多知识图谱软件，但本节研究仅选择 CiteSpace、VOSviewer 和 HistCite 这三种被广泛使用的知识图谱软件作为分析对象。研究使用内容分析法对 800 多篇提及或使用了上述软件的英文期刊论文进行分析，以深入了解这些软件工具的使用、引用和扩散模式。本节的主要研究问题如下：

(1) 这三种知识图谱软件工具在科研论文中是如何被使用和引用的？
(2) 通过扩散指标来衡量这三种软件工具的学术影响力是怎样的？
(3) 这三种软件工具的扩散模式是怎样的？

这些问题的探索结果将有助于我们更好地了解软件在科学研究中的影响力。尽管本节研究是案例研究，但它具有更远的影响：它使用这些流行的软件作为研究对象来揭示软件在文献计量学研究中的广泛应用前景。此外，本节研究将软件实体视为知识单元，探索软件实体在学术交流系统中的扩散模式，有助于更全面地呈现不同研究成果的交流模式。

6.1.2 数据与方法

1. 知识图谱软件的选择

首先，本节研究依据一篇关于知识图谱软件的综述文章[26]、一篇文献计量网络可视化概论[29]以及近期的一篇关于文献计量图谱的综述论文[30]选取了 Bibexcel、CitNetExplorer、CiteSpace、CoPalRed、HistCite、Network Workbench

Tool、SciMAT、Sci²Tool、VantagePoint 和 VOSviewer 这 10 种知识图谱软件，作为进一步分析的候选对象。随后，在 Web of Science 的科学引文索引扩展版（SCIE）、社会科学引文索引（SSCI）和艺术与人文科学引文索引（A&HCI）三大引文索引数据库中检索 2018 年 1 月之前发表的在题名、摘要和关键词字段提及这些软件名称的英文期刊论文，文献类型限定为研究性论文和文献综述。本节研究所选取的软件工具、检索词以及主题字段包含相关检索词的论文数量如表 6-1 所示。本节研究选择 CiteSpace、HistCite 和 VOSviewer 这三个在论文主题字段最常被提及的软件作为研究对象。

表 6-1 主题字段提及了 10 种文献计量可视化软件的 Web of Science 论文数量

软件名称	检索词	论文数
Bibexcel	Bibexcel or "Bib excel"	19
CitNetExplorer	CitNetExplorer	5
CiteSpace	CiteSpace or "Cite Space"	78
CoPalRed	CoPalRed	3
HistCite	HistCite or "Hist Cite"	30
Network Workbench Tool	"Network Workbench Tool" or "NWB Tool" or "Network Workbench (NWB)"	2
SciMAT	SciMAT or "Sci MAT"	5
Sci² Tool	"Sci2 tool" or "Science of Science (Sci2)" or "Science of Science tool" or "Sci2 (Science of Science)"	3
VantagePoint	VantagePoint	9
VOSviewer	VOSviewer or "VOS viewer"	70

CiteSpace[31-32]（http://cluster.cis.drexel.edu/~cchen/citespace/）是由美国德雷塞尔大学陈超美教授于 2004 年开发的一款文献计量可视化软件，用于分析、检测和可视化科学文献中的趋势和模式。CiteSpace 的官方网站上提供了一系列相关论文和书籍、手册和教程链接。

VOSviewer[28]（http://www.VOSviewer.com/）是由荷兰莱顿大学的 Van Eck 和 Waltman 于 2010 年开发的一款简单易用的文献计量网络可视化分析工具。VOSviewer 的官方网站上提供软件相关论文、书籍章节、手册和介绍视频等学习资料，供用户使用。官网还提供了一系列关于 VOSviewer 的技术出版物以及该工具在研究中应用的大量参考书目。

HistCite（http://www.garfield.library.upenn.edu/histcomp/index.html）是由 Garfield 于 2001 年开发并于 2007 年正式推出的一种文献索引分析软件，用于处理 Web of

Science 输出的文献索引信息[33-34]。HistCite 可从网站上（https://support.clarivate.com/ScientificandAcademicResearch/s/article/HistCite-No-longer-in-active-development-or-officially-supported?language=en_US）免费下载，但该软件已于 2022 年 3 月 4 日起停止开发更新或提供官方支持。

2. 数据收集

研究将主题字段提及了这三种文献计量可视化软件的 178 篇英文论文的题录和全文都下载下来：分别有 78 篇、70 篇和 30 篇的论文提及了 CiteSpace、VOSviewer 和 HistCite。为扩充数据集，首先确定这三种软件的关键技术文献，并进一步收集 Web of Science 收录期刊中引用了这些文献的论文。同样地，检索范围限定在 SCIE、SSCI 和 A&HCI 三大引文索引数据库，文献类型限定为研究性论文和综述，文献语言限定为英语，出版时间限定为 1900～2017 年。表 6-2 列出了这三种软件的关键技术文献以及引用这些技术文献的论文数量。总的来说，获得了 398 篇引用 CiteSpace 技术文献的论文，268 篇引用 VOSviewer 技术文献的论文，143 篇引用 HistCite 技术文献的论文，将上述论文合并去除重复后共得到 809 篇论文。

表 6-2 CiteSpace、VOSviewer 和 HistCite 的技术性论文

软件	技术性论文	论文量（篇）
CiteSpace	CitPaper1：Chen, C.（2004）. Searching for intellectual turning points: Progressive knowledge domain visualization. Proceedings of the National Academy of Sciences, 101（suppl 1）：5303-5310.	137
	CitPaper2：Chen, C.（2006）. CiteSpace Ⅱ：Detecting and visualizing emerging trends and transient patterns in scientific literature. Journal of the Association for Information Science and Technology, 57（3）：359-377.	287
	CitPaper3：Chen, C, Ibekwe-SanJuan, F, Hou, J.（2010）. The structure and dynamics of cocitation clusters: A multiple-perspective cocitation analysis. Journal of the Association for Information Science and Technology, 61（7）：1386-1409.	102
VOSviewer	VOSPaper1：van Eck, N J, Waltman L.（2010）. Software survey：VOSviewer, a computer program for bibliometric mapping. Scientometrics, 84（2）：523-538.	249
	VOSPaper2：van Eck, N J, Waltman, L.（2014）. Visualizing bibliometric networks. In Measuring scholarly impact. Berlin：Springer International Publishing, 285-320.	39

续表

软件	技术性论文	论文量（篇）
HistCite	HisPaper1: Garfield, E, Pudovkin, A I, Istomin, V S. (2003). Why do we need algorithmic historiography? Journal of the American Society for Information Science and Technology, 54 (5): 400-412.	55
	HisPaper2: Garfield, E, Pudovkin, A I, Istomin, V S. (2003). Mapping the output of topical searches in the Web of Knowledge and the case of Watson-Crick. Information Technology and Libraries, 22 (4): 183.	16
	HisPaper3: Garfield, E. (2004). Historiographic mapping of knowledge domains literature. Journal of Information Science, 30 (2): 119-145.	66
	HisPaper4: Garfield, E. (2009). From the science of science to Scientometrics visualizing the history of science with HistCite software. Journal of Informetrics, 3 (3): 173-179.	42

注：论文量表示引用软件技术文献的 Web of Science 收录的论文数量。

在 178 篇在题名、摘要、关键词字段提及这三种知识图谱软件的论文中，有 170 篇论文实际使用了知识图谱软件。简便起见，下文将这 170 篇论文称为主题组，构成用于研究这三种软件提及和引用情况的数据集。在引用了 CiteSpace、HistCite 和 VOSviewer 技术文献的 809 篇论文中，实际使用知识图谱软件的论文有 432 篇，这意味着约 47% 的论文引用了软件技术文献但未使用该软件。对上述两个数据进行合并去重处理后，共获得 481 篇使用了这三种知识图谱软件的期刊论文，这一数据集被用来调查软件的学术影响力和扩散模式。

3. 论文全文中的软件提及和引用编码框架

本节研究采用内容分析法对知识图谱软件在学术论文中的使用和引用情况进行调查。研究人员在 Howison 和 Bullard[18] 提出的编码框架基础上创建了本节研究的编码框架，如表 6-3 所示。需要指出的是，本节研究仅选择实际使用了软件的论文，侧重于软件的明确使用，而非仅仅是提及。例如，我们从一篇发表于 *Scientometrics*、题名为 "*Emerging research fronts in science and technology: Patterns of new knowledge development*" 论文中发现其中一句话提到了 HistCite: "Recently, many researchers have focused on the visualization of these fields, developing tools such as crossmappingand DIVA[34], HistCite[35], and Pathfinder[36], and methods for graphing large-scale maps of science[37]"。

对该篇论文的编码思路如下：该论文仅仅是提及而非使用 HistCite，因为通过阅读该论文发现作者没有使用 HistCite 来处理数据或得到结果。

正式编码前，先对两位编码员进行培训，并随机抽取 30 篇论文让他们分别进行编码，随后采用统计工具 ReCal2[38]（http://dfreelon.org/utils/recalfront/recal2/）计算 Cohen's kappa 系数以检验编码员间的信度。检验结果如表 6-3 所示，系数值均大于接受信度 0.7，表明两位编码员的标注结果一致性良好[39]。

表 6-3　软件的使用与引用编码框架及 Cohen's kappa 值

类目	描述	Cohen's kappa 系数
论文编号	提及了软件的论文编号	1
软件名	软件的名称	1
位置	提及软件的位置，包括标题、关键字、摘要、正文、致谢、附录与其他。	0.865
软件使用	表示该软件是否被用于该研究	0.911
版本号	软件的版本号	0.902
网址	软件的网址	0.889
软件引用	该论文是否在参考文献列表中提供了软件的正式引用条目	0.865
参考条目	表示在参考文献列表中有链接到软件的条目	0.734
引用出版物	引用软件相关出版物	0.932
引用手册	引用软件相关用户指南或手册	1
引用网站	引用软件存储地址或项目名称	0.850

4. 测度软件扩散的指标

本节研究基于 Rousseau[40] 和 Liu 和 Roussea[24] 提出的扩散指标，引入了几种指标来衡量软件通过使用的影响力和扩散情况。第一类指标是扩散广度，又细分为以下三个指标：

（1）论文扩散广度（paper diffusion breadth），使用了该软件的论文数量。

（2）期刊扩散广度（journal diffusion breadth），刊载了使用该软件论文的期刊数量。

（3）领域扩散广度（domain diffusion breadth），使用了该软件的论文所属研究领域数量。

第二类指标是扩散时间，指软件创建以来的年数。例如，CiteSpace 创建于 2004 年，那么 CiteSpace 在 2004 年的扩散时间为 1 年，以此类推。

第三类是扩散速度，包含三种指标：

（1）论文平均扩散速度（average diffusion speed over papers），使用软件的论文总数除以自软件创建以来的年数，即论文扩散广度除以扩散时间。

（2）期刊平均扩散速度（diffusion speed over journals），刊载了使用软件的论文的期刊数量除以扩散时间。

（3）领域平均扩散速度（diffusion speed over domains），使用了该软件的论文所属研究领域数量除以扩散时间。

本节使用上述指标对 CiteSpace、HistCite 和 VOSviewer 在 Web of Science 收录论文中的扩散广度和扩散速度进行研究。需要指出的是，Web of Science 核心合集收录的期刊都被分配到一个或多个研究领域，本节研究将期刊的研究领域视为其所发表论文的研究领域。

6.1.3 研究结果

1. 知识图谱软件的提及与引用特征

在论文中提及软件的版本信息和网址，能够帮助读者更好地了解它。在主题组 170 篇使用了软件的论文中，分别有 51 篇（30%）和 40 篇（24%）在题名、摘要、关键词或正文部分提供了软件的版本和网站信息。然而，其中有 95 篇（56%）论文并未在正文中提供软件名称外的其他信息（表6-4）。从表6-4 可以发现，在使用了 CiteSpace 的论文中，有 41% 提及了软件版本信息，这一比例远高于 HistCite 和 VOSviewer。

表 6-4 主题组论文中知识图谱软件信息提及情况

软件名称	论文量/篇	提及版本信息次数及占比					
		次数/次	占比/%	次数/次	占比/%	次数/次	占比/%
CiteSpace	73	30	41	12	16	36	49
HistCite	28	6	21	8	29	15	54
VOSviewer	69	15	22	20	29	44	64
Total	170	51	30	40	24	95	56

随后，进一步探索了主题组论文中知识图谱软件的引用情况，知识图谱软件的逐年被引情况如表6-5 所示。从表6-5 可见，CiteSpace、HistCite 和 VOSviewer 的合计引用率分别为 78%、68% 和 78%。这三种软件的平均引用率为 76%，高于之前调查发现的 *PLoS One* 期刊论文中的软件引用率（生态与环境科学领域的软件引用率最高，为 54%）[17]。对此现象的一种可能解释是，通过这三种知识图

谱软件的网站能够获取到软件相关论文、书籍和用户手册等可引用对象。另一种可能的解释是，这三种知识图谱软件在主题组论文的题名、摘要、关键词中被提及，而近期的一项研究表明，在主题字段提及软件的论文比仅在正文中提及软件的论文更有可能正式引用该软件[41]。从表 6-5 还可以发现，在过去四年中使用 CiteSpace 和 VOSviewer 的论文数量一直在增加，但这两种软件的引用率却一直在下降。同样地，HistCite 的引用率也呈下降趋势，从 2014 年的 100% 下降到 2017 年的 43%。

表 6-5 知识图谱软件的逐年引用情况

年份	CiteSpace P（篇）	CiteSpace C（篇）	CiteSpace R（%）	VOSviewer P（篇）	VOSviewer C（篇）	VOSviewer R（%）	HistCite P（篇）	HistCite C（篇）	HistCite R（%）
2002	0	0	—	0	0	—	1	0	0
2006	0	0	—	0	0	—	1	0	0
2008	1	1	100	0	0	—	2	2	100
2009	1	1	100	0	0	—	0	0	—
2010	1	0	0	0	0	—	0	0	—
2011	4	3	75	2	2	100	0	0	—
2012	1	1	100	2	2	100	2	1	50
2013	4	3	75	3	3	100	4	3	75
2014	8	8	100	5	5	100	1	1	100
2015	13	11	85	13	12	92	6	6	100
2016	12	9	75	20	17	85	4	3	75
2017	28	20	71	24	13	54	7	3	43
合计	73	57	78	69	54	78	28	19	68

注：P 表示使用 CiteSpace、VOSviewer 或 HistCite 的论文数量；C 表示引用 CiteSpace、VOSviewer 或 HistCite 的论文数量；R 表示引用率（P 与 C 的比值）。

随后，对三种知识图谱软件相关的引用条目进行了分析。在正式引用 CiteSpace 的 57 篇论文中，有 55 篇（96.49%）引用了相关出版物，7 篇（12.28%）引用了相关网址，没有任何一篇论文引用用户手册。这表明研究人员在记录 CiteSpace 使用情况时，相比于手册、网址和项目名称等其他资料更有可能引用相关出版物。VOSviewer 的引用调查中也发现了类似的结果：在正式引用 VOSviewer 的 54 篇论文中，有 48 篇（88.89%）引用了相关出版物，3 篇引用了网址，4 篇引用了用户手册。在正式引用 HistCite 的 19 篇论文中，所有论文均引用了相关出版物，没有人引用网址或用户手册。上述结果表明，科研人员在引用其所使用的软件时表现出较大的随意性,这可能是缺乏规范化的软件引用标准造成的。上述结果还表明,大多数学者倾向于引用软件相关出版物,这一发现与之前的一项关于社会科学研究人员数据引用实践的研究发现一致[15]。在主题组论文中,技术论文 CitPaper2、HisPaper4 和 VOSPaper1 是相对应软件最常被引用的出版物,被引频次分别为 42 次、4 次和 39 次。

2. 知识图谱软件的扩散情况

在本小节,将探究这三种知识图谱软件在 481 篇学术论文数据集中的扩散情况。图 6-1 显示了 CiteSpace、HistCite 和 VOSviewer 在 2002~2017 年的论文扩散广度。从图 6-1 可见,使用各个知识图谱软件的文献数量均有大幅增长。具体来看,VOSviewer 创建时间晚于 CiteSpace 与 HistCite,但它的论文扩散广度从 2010 年的 2 篇增加到了 2017 年的 247 篇,且它的论文扩散广度自 2015 年起一直高于其他两个软件。虽然 HistCite 开发更早,但近年来它的论文扩散广度却不及其他两种软件,这可能是因为 HistCite 的更新频率较低。

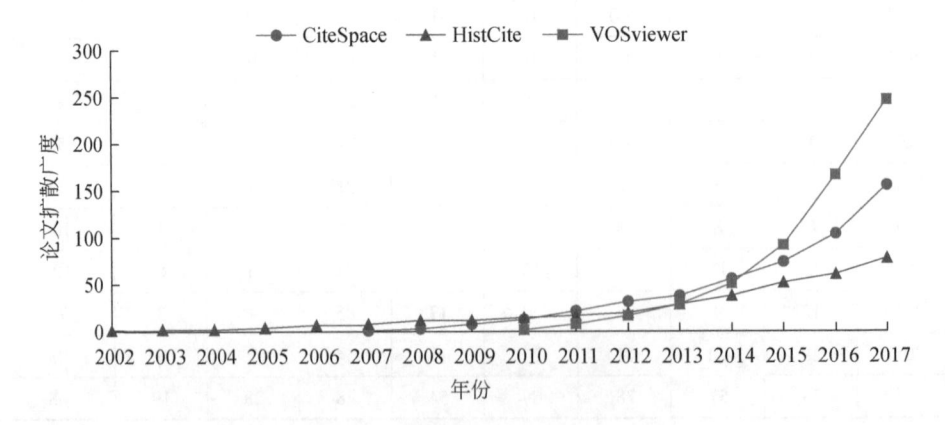

图 6-1　三种知识图谱软件的论文扩散广度

本节研究还对这三种知识图谱软件的期刊和领域扩散广度进行了探究。在 2010~2017 年这 7 年中,VOSviewer 的期刊扩散广度与领域扩散广度都有显著增长:期刊扩散广度从 2010 年的 2 增加到 2017 年的 114;领域扩散广度从 2010 年的 1 增长到 2017 年的 50。与此同时,CiteSpace 的期刊扩散广度从 2010 年的 1 增长到 2017 年的 91,其领域扩散广度从 2010 年的 1 增长到 2017 年的 45,而 HistCite 对应的两个指标分别从 1 增长到 46 和从 1 增长到 47。

如图 6-2 所示,三种知识图谱软件的论文扩散速度都在稳步增长。最初(2007~2008 年),HistCite 的论文扩散速度快于 CiteSpace,但 2009 年后这一情形发生了逆转。2010~2017 年,VOSviewer 的论文扩散速度快于其他两种知识图谱软件。

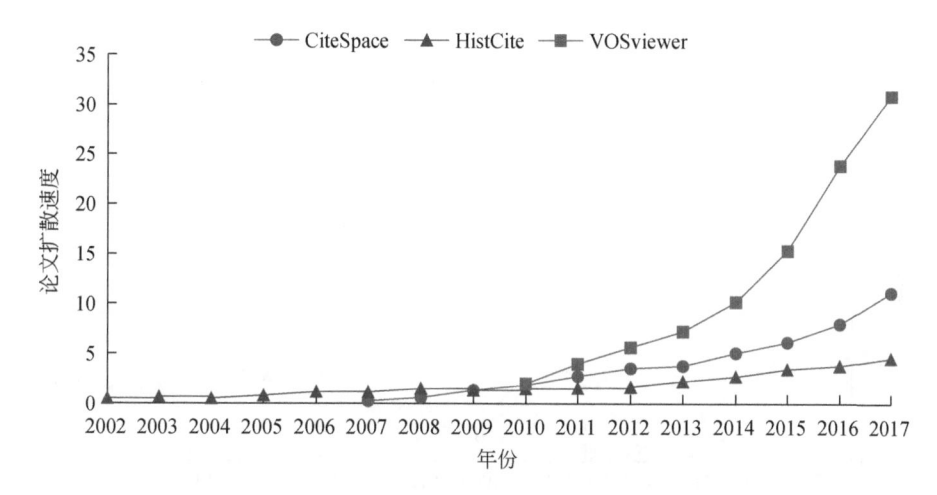

图 6-2　三种知识图谱软件的论文扩散速度

知识图谱软件的期刊扩散速度如图 6-3 所示。由图 6-3 可知，在 2010~2017 年，VOSviewer 的期刊扩散速度持续增加，且 2014 年以来的增长速度比 2010~2013 年更快。CiteSpace 的期刊扩散速度曲线也呈类似趋势，早年增速较低，2014 年后增速加快。2010 年后，HistCite 的期刊扩散速度低于 VOSviewer 和 CiteSpace。

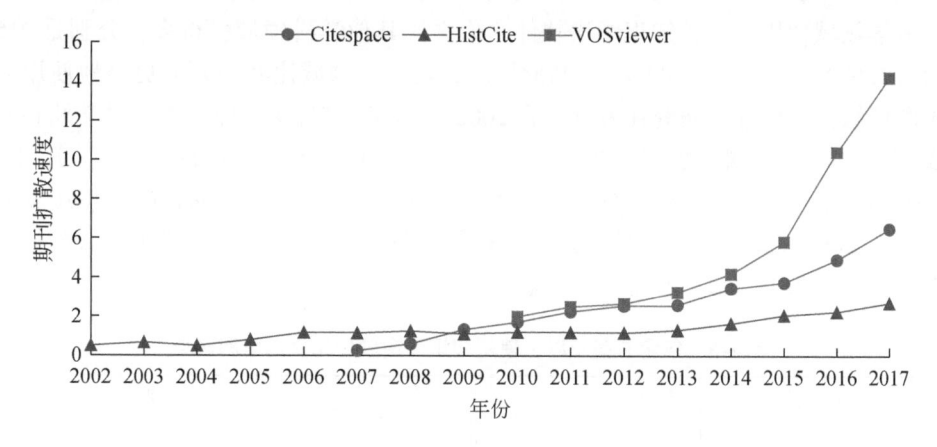

图 6-3　三种知识图谱软件的期刊扩散速度

知识图谱软件的领域扩散速度如图 6-4 所示。由图 6-4 可知，VOSviewer 的领域扩散速度曲线呈 S 形——早期扩散较慢，随后快速增长至拐点，近期扩散速度有所减缓。相比之下，CiteSpace 的领域扩散速度呈现持续增长态势。与论文和期刊层面的指标一样，2010~2017年，HistCite 的领域扩散速度慢于 CiteSpace 与 VOSViewer。

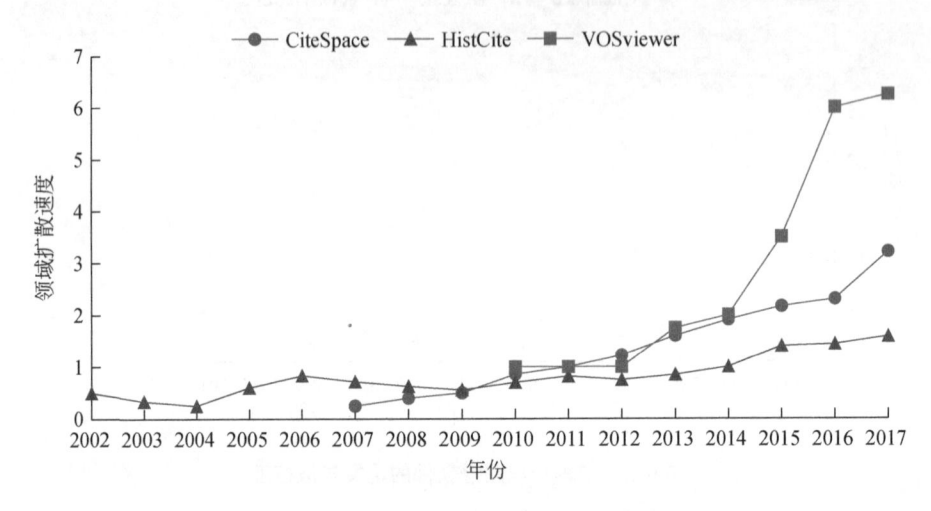

图 6-4　三种知识图谱软件的领域扩散速度

进一步探究了三种知识图谱软件在学科领域中的分布情况。使用这三种软件工具的 481 篇学术论文共涉及 69 个学科领域，其中 46 个（67%）学科领域包含使用 CiteSpace、HistCite 或 VOSviewer 的论文少于 4 篇。表 6-6 列出了包含 5 篇及以上使用知识图谱软件论文的学科领域。从表 6-6 可以看出，图书情报学和计算机科学领域使用这三种知识图谱软件的论文比其他学科领域多得多，分别是 215 篇（45%）和 213 篇（44%）。与此同时，这两个领域比其他领域更早地使用知识图谱软件。此外，研究还发现，自 2002 年以来，有 30 多种图书情报学期刊发表了一篇或多篇使用 CiteSpace、HistCite 或 VOSviewer 的论文。其中，*Scientometrics*，*Journal of Informetrics* 和 *Journal of the Association for Information Science and Technology* 发表使用这三种软件工具的论文数量多于其他图书情报学期刊，分别为 116 篇、23 篇和 17 篇。

表 6-6　包含 5 篇及以上使用知识图谱软件论文的学科领域

学科领域	论文量（篇）	年份	学科领域	论文量（篇）	年份
图书情报学	215	2002	细胞生物学	9	2014
计算机科学	213	2002	社会科学–其他领域	8	2011
商业与经济	50	2010	神经科学与神经学	8	2014
科学与技术–其他领域	44	2005	药理学与药学	8	2014

续表

学科领域	论文量（篇）	年份	学科领域	论文量（篇）	年份
环境科学与生态学	29	2006	心理学	7	2008
工程学	24	2009	物理学	7	2014
环境和职业公共卫生	14	2005	生物技术与应用微生物学	6	2012
运筹学与管理科学	12	2010	医学研究与实验	6	2012
能源和燃料	10	2013	化学	6	2013
普通内科	10	2014	材料学	6	2013
公共管理	9	2011	地理学	5	2006
教育学与教育研究	9	2013	护理	5	2016

注：论文量表示使用 CiteSpace、HistCite 或 VOSviewer 的属于特定研究领域的论文数量；年份表示属于特定研究领域的第一篇使用 CiteSpace、HistCite 或 VOSviewer 的论文的发表年份。

表 6-7 列出了每年使用这三种知识图谱软件的论文所属的学科领域。研究发现，HistCite 第一次是被发表在第 65 届 ASIST 年会论文集上的一篇论文所使用，该论文属于图书情报学、计算机科学和社会学领域。随后，HistCite 于 2003 年被计算机科学领域的论文所使用。同样，CiteSpace 于 2007 年首次用于图书情报学领域，随后于 2008 年扩散到计算机科学领域。笔者还发现，VOSviewer 最早用于图书情报学领域（2010 年），随即先后扩散到公共管理领域（2011 年）和商业与经济领域（2012 年）。自 2010 年起，CiteSpace、HistCite 和 VOSviewer 每年都在六个以上学科领域得到应用。2017 年，这三种知识图谱软件应用于 46 个学科领域。

6.1.4　讨论与结论

本节研究对 CiteSpace、HistCite 和 VOSviewer 三种知识图谱软件在学术论文中的使用、引用和扩散情况进行了探究。首先收集可能使用这三种知识图谱软件的英文期刊论文，然后人工筛选出实际使用了这些软件的论文作为分析对象。本节研究使用内容分析法识别 CiteSpace、HistCite 和 VOSviewer 在学术论文中的提及和引用特征。研究提出了几个扩散指标来测度这三种软件工具的影响力和扩散度，还对这三种软件的采纳和使用模式随学科领域和时间的变化情况进行了探究。这项研究工作最重要的贡献在于提出了测度软件影响力和扩散度的方法。研究旨在确定软件工具在学术交流系统中的重要地位，从而更全面地了解知识生产与扩散。

表 6-7 各学科领域包含使用三种知识图谱软件的论文数量逐年变化情况

学科领域	2002年	2003年	2004年	2005年	2006年	2007年	2008年	2009年	2010年	2011年	2012年	2013年	2014年	2015年	2016年	2017年	总和
农业																*	3
建筑学														*	*		1
生物化学与分子生物学														*	*	*	3
生物多样性与保护									*							*	2
生物物理学															*		1
生物技术与应用微生物学											*		*		*	*	6
商业与经济									*		*	*	*	*	*	*	50
细胞生物学											*		*	*	*	*	9
化学									*			*		*	*	*	6
计算机科学		*			*		*	*	*	*			*	*	*	*	213
建筑技术与施工															*	*	2
文化研究															*	*	1
发育生物学															*	*	2
教育学与教育研究												*	*	*	*	*	9
能源和燃料									*			*	*	*	*	*	10
工程学												*	*	*	*	*	24
环境科学与生态学													*	*	*	*	29
进化生物学															*	*	1
食品科学与技术															*		1

续表

学科领域	2002年	2003年	2004年	2005年	2006年	2007年	2008年	2009年	2010年	2011年	2012年	2013年	2014年	2015年	2016年	2017年	总和
林学										*							1
普通内科													*	*	*	*	10
地理学					*								*	*	*		5
地质学															*		1
卫生护理科学与服务													*		*	*	3
免疫学															*	*	3
图书情报学	*				*	*	*	*	*	*	*		*	*	*	*	215
语言学										*				*		*	2
海洋与淡水生物学												*			*		2
材料科学															*	*	6
数学与计算生物学													*				1
数学														*	*		2
力学												*					1
医学信息学															*	*	3
气象学与大气科学													*		*	*	2
微生物学															*	*	2
神经科学与神经学													*			*	8
护理														*	*	*	5
妇产科学										*							1
海洋学																*	1

续表

学科领域	2002年	2003年	2004年	2005年	2006年	2007年	2008年	2009年	2010年	2011年	2012年	2013年	2014年	2015年	2016年	2017年	总和
肿瘤学																*	3
运筹学与管理科学									*		*		*	*	*	*	12
眼科学															*		1
儿科学													*	*		*	2
药理学与药学															*	*	8
哲学										*					*		2
自然地理学													*		*	*	3
物理学													*	*	*	*	7
生理学															*	*	2
植物学														*		*	2
精神病学								*								*	2
心理学											*		*	*		*	7
公共管理								*			*					*	9
环境和职业公共卫生														*	*	*	14
遥感												*			*	*	3
医学研究和实验													*	*	*	*	6
科学与技术－其他													*	*	*	*	44
领域																	
社会问题	*																1

续表

学科领域	2002年	2003年	2004年	2005年	2006年	2007年	2008年	2009年	2010年	2011年	2012年	2013年	2014年	2015年	2016年	2017年	总和
社会科学-其他领域										*	*			*	*	*	8
体育学														*	*		2
药物滥用												*				*	1
外科学																*	1
电信														*			1
热力学																*	1
毒理学														*		*	1
移植														*			1
城市研究															*		1
泌尿学与肾脏学															*	*	2
水资源																*	2
动物学															*	*	2
P	1	0	2	3	2	6	5	10	17	22	27	49	73	114	149	481
D	3	1	0	2	4	2	4	3	7	9	8	13	21	28	44	46	69

* 表示相应年份发表了一篇或多篇属于特定学科的使用知识图谱软件的论文；P行说明相应年份使用知识图谱软件的论文数量；D行显示相应年份的发表一篇或多篇知识图谱论文的学科数量；总和列显示相应学科领域使用知识图谱软件的论文总数。

研究发现，科研人员提及和引用这三种知识图谱软件的方式并不一致。尽管提供详细信息有助于读者定位软件，但相当一部分作者在学术论文中仅仅提及其所使用的软件名称。即使在那些使用并提及知识图谱软件的作者中，也有相当比例的作者没有正式引用软件。虽然 CiteSpace 和 VOSviewer 的官网上提供了出版物和用户手册等可引用对象，但 CiteSpace 和 VOSviewer 的引用缺失率仍然高达 22%。较之其他两种知识图谱软件，HistCite 的引用缺失率更高，达 32%。此外，这三种软件工具的引用率在最近四年（2014~2017 年）持续下降。这些研究发现表明，一方面，软件引用缺失的现状没有得到改善；另一方面，随着科学思想的进一步扩散，它可能会脱离于最初提出它的出版物[42]。

研究还发现，自 2002 年以来，共有来自 69 个学科领域的 200 多种英文核心期刊发表了使用这三种知识图谱软件的论文，且这三种软件工具的扩散速度在过去的十多年中不断加快。这三种知识图谱软件在其起源领域——图书情报学领域应用最早且最为频繁，随后逐渐被计算机科学和公共管理等其他领域采用，最初的扩散速度较慢，但后来扩散速度迅速增加。上述研究发现符合一个软件更可能在其起源领域中被频繁使用的观点。此外，三种知识图谱软件的扩散过程表明，软件很可能首先在其起源领域被使用，再向外扩散到密切相关的学科，然后才能在更加多样化的领域中被使用。这些发现与出版物扩散研究中发现的结果相似[43-44]。研究结果表明，通过使用进行软件扩散的模式与学术交流系统中通过引文进行知识扩散的模式相似。

本节研究的一个重要局限在于论文选择标准。研究人员将论文限定在 SCIE、SSCI 和 A&HCI 数据库收录的，且在题名、摘要、关键词字段提及三种知识图谱软件的论文。因此，那些实际使用但未引用或未在主题字段提及这些软件工具的论文会被排除在外，这可能会导致低估软件工具的影响力。例如，基于软件开发者提供的 VOSviewer 相关出版物清单（www.VOSviewer.com/publications），2010~2017 年共有 474 篇出版物使用了 VOSviewer，但本节研究使用的方法仅识别出 247 篇使用 VOSviewer 的 SCIE/SSCI/A&HCI 期刊论文作为研究对象。此外，最近的一项研究发现，在题名、关键词和摘要中提及软件的论文比在正文中提及软件的论文更有可能正式引用软件[41]。因此，以在题名、关键词和摘要字段提及知识图谱软件的方式选择期刊论文样本可能会导致软件引用率调查结果偏高。

尽管存在上述局限，但本研究以 CiteSpace、HistCite 和 VOSviewer 为例揭示了学术交流系统中的软件使用、引用与扩散趋势。研究结果进一步证明软件对研究很重要，但是软件提及和引用行为仍不一致。在这方面如果更具有一致性的话，将为整体改善软件引用实践奠定基础，并将有助于更有效地使用科学软件。

6.2 开源软件的使用与引用研究

6.2.1 研究背景

近年来，越来越多的数字成果（如软件、数据）被生产出来并被广泛用于科学研究。一些学者开始呼吁重视软件、数据等数字成果的价值[18]。学者们已经对数据的引用、共享和再利用等很多方面进行了探讨和研究[45-49]，他们普遍认为规范的数据引用对数据科学的发展非常重要[50-51]。较之数据，软件对科学研究的重要性尚未得到充分重视。事实上，科学工作的每一步几乎都受到软件的影响。在众多软件中，开源软件因其源码可免费获取、自由修改，给共享和合作创新带来无限可能，因而受到学术界的广泛关注[3]。开源软件的出现改变了传统的软件开发模式和传播方式，节省了软件开发资源和获取成本，推动了现代科学的快速发展。已有学者对开源软件的开发动因进行相关研究，他们认为，获得职业发展机会、提升职业影响力、获得学术声誉是促使科学家开发开源软件的主要外部动因[52-54]。软件不同于论文、专著等其他科研成果，一经发表就无需额外地维护改进。软件开发者需要不断地对软件进行维护、更新、升级以保证其持续可用。然而，在目前以出版物为主体的科研奖励系统中，软件并不能像出版物那样获得相应的学术认可，参与软件项目的科学家难以获得其所期望的学术声誉和职业发展机会，进而影响其开发和维护软件的热情[7]。很多开源软件因为缺少维护而逐渐被淘汰，造成了资源浪费。因此，一些学者认为有必要对软件影响力进行科学评价，以了解软件开发者的学术贡献，给予其适当科研奖励，激励其后续软件开发和维护工作[14,18]。虽然国内外一些研究者已经对软件引用和软件学术影响力进行了研究，但是学术界对软件学术价值的理解仍然有待深入，对软件的使用、引用和影响力评价研究也有待推进。本节研究以开源软件 Word2vec 为例，对其在中英文学术论文中的使用和引用情况进行深入分析，以此揭示开源软件在学术论文中的可见性和学术影响力。软件可见性是指软件在学术论文中被提及程度。作者在学术论文中给予所使用软件的开发者、版本号、存储地址等相关信息的描述有助于评审专家和读者快速获取软件来对其研究内容进行重复验证。同时，作者按照规范对软件进行正式引用则有利于对众多软件的学术影响力进行测度评价，为科研工作者查询选择软件提供便利，进而提高软件利用效率、加快科学发现与创新的步伐。

6.2.2 数据与方法

本节研究以中国知网、万方、维普和 Scopus 数据库中使用 Word2vec 的中英文论文为样本，采用内容分析法对软件的使用和引用情况进行多维度分析。首先，分别在中国知网、万方和维普中以"word2vec""word 2vec""word 2 vec""word2 vec""word2vector"和"w2v"为检索词进行精确检索，文献类型限定为期刊论文，检索时间截至 2018 年 12 月 31 日。其中，中国知网的检索字段为全文字段，万方和维普的检索字段为主题字段（包括题名、关键词和摘要）。对检索结果进行合并去重，一共获得 859 篇期刊论文。排除英文期刊论文、导读、题录等，最终获得 827 篇中文期刊论文。同样地，在 Scopus 数据库检索主题字段包含上述检索词的英文期刊论文和会议论文。本节研究选取期刊和会议两种文献类型是因为 Word2vec 自发布以来被广泛用于计算机科学领域，在该领域中，会议论文被认为具有与期刊论文同等甚至更为重要的影响力[55]。排除无法获取全文、非英文和非相关的文献后，最终得到 999 篇英文论文（其中，期刊论文 178 篇，会议论文 821 篇）。

内容分析法是一种对具有明确特性的传播内容进行的客观、系统和定量描述的研究技术[56]。该方法通常旨在对研究对象的本质性事实和发展趋势进行清晰的梳理和了解，以此对其中所蕴含的深层次内容进行进一步的揭示和挖掘，并对其发展趋势加以预测和把握。首先依据已有研究[18]制定软件提及和引用特征编码表（表6-8），然后由编码员对收集到的中英文论文进行编码标注，最后对编码结果进行统计分析。需要指出的是，引用软件是指论文在参考文献部分对软件来源进行描述。同时，本节研究对提及和使用软件进行了区分，提及软件是指论文中出现了软件，使用软件是指论文借助软件进行了相关研究。

表 6-8　软件提及和引用特征编码框架

类别	编码	定义说明	示例/解释
提及	论文号	人工分配的论文编号	XU1，XU2，XU3……
	软件名	软件的名称	"本文利用 Word2vec 模型，实现古诗词的个性化智能推荐，以期促进古诗词的传播，弘扬中华优秀传统文化。"中的 Word2vec。
	软件位置	软件在论文出现的位置	软件名称出现在论文的标题、摘要、关键词或正文时，对其位置进行记录。

续表

类别	编码	定义说明	示例/解释
引用	软件引用	提及的软件有参考文献标注	"本文利用 Word2vec[22]模型，实现古诗词的个性化智能推荐，以期促进古诗词的传播，弘扬中华优秀传统文化。"中的 Word2vec 软件获得引用。
	引用出版物	引用论文、图书等正式出版物	"本文利用 Word2vec[22]模型，实现古诗词的个性化智能推荐，以期促进古诗词的传播，弘扬中华优秀传统文化。"若标注[22]对应的是"MIKOLOV T, CHEN K, CORRADO G, et al. Efficient Estimation of Word Representations in Vector Space [J]. Computer Science, 2013（1）：28-36."，则表示引用的是出版物。
	引用网址	引用软件的存储地址	同上，若标注[22]对应的是"Mikolov T, Chen K, Corrado G, et al. Word2vec, accessed 2014-04-15. https://code.google.com/p/word2vec,2014."，则表示引用的是网址。
	引用手册/指南	引用软件的使用指南、手册	同上，若标注[22]对应的是"Mikolov T, Chen Kai, Corrado Greg, et al. Efficient estimation of word representations in vector space [EB/OL]. 2013-01-16. https://www.arxiv.org/pdf/1301.3781.pdf."，则表示引用的是手册。

6.2.3 研究结果

1. 总体数据及分析

在 827 篇提及 Word2vec 的中文期刊论文中，共有 738 篇使用了该软件，占比 89.24%。在 178 篇英文期刊论文中，有 161 篇使用了该软件，占比 90.45%。在 821 篇英文会议论文中，有 787 篇使用了该软件，占比 95.86%。图 6-5 展示了使用 Word2vec 的中文期刊论文、英文期刊论文以及英文会议论文的年代分布。

从图 6-5 可以看出，2013~2018 年，使用 Word2vec 的中英文论文量呈逐年增加的趋势。早在 Word2vec 发布的 2013 年，就有中文期刊论文使用 Word2vec 进行研究，数量从最初的 1 篇增加到 2017 年的 186 篇，四年增长了一百多倍。2018 年的中文期刊论文更是成倍增长，可以预见，今后会有越来越多的国内学者使用 Word2vec 软件进行科学研究。2015 年英文期刊开始出现使用 Word2vec 的论文，2016 年、2017 年的论文量均是上一年的两倍之多，2018 年论文量也超过

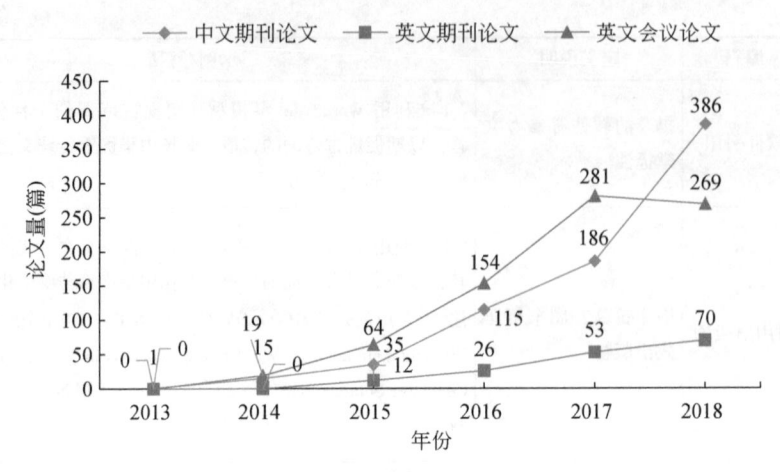

图 6-5 论文量随年代变化趋势图

了 2017 年。相较于其他两类论文，使用 Word2vec 的英文会议论文数量最多、增幅最大。但因为许多会议在 2018 年下半年召开，这些会议的论文尚未被 Scopus 收录，所以图 6-5 中 2018 年的会议论文量少于 2017 年的会议论文量。

此外还对上述论文的出版物种类进行了统计，结果图 6-6 所示。从中可以看出，使用 Word2vec 的中文期刊种类从 2013 年的 1 种增加到 2016 年的 52 种，三年增长了五十多倍，2016 年后出版物种类增长速度更是逐年增加，2018 年已经增加到 153 种。英文期刊种类逐年稳定增长，2015 年的 12 篇论文分布在 10 种期刊上，2016 年的 26 篇论文分布在 20 种期刊上，2017 年的 53 篇论文分布在 46 种

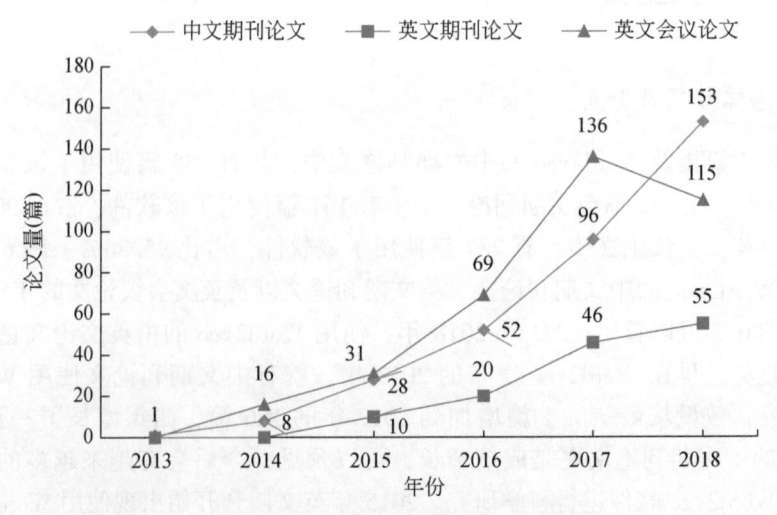

图 6-6 出版物种类年代变化趋势图

期刊上，期刊分布较为分散。英文会议论文出版物种类到 2016 年已经高达 69 种，高于其他两类，2017 年更是增长迅猛，达到了 136 种。总体来说，英文期刊种类的增长速度最慢。2015 年之前，中文期刊的增长速度最快，2016 年，英文会议出版物的种类、增速均超过中文期刊出版物。

2. Word2vec 的信息提及情况

除正式引用外，论文中关于软件版本、创建者、存储地址等信息的描述也有助于提高软件的可见性。软件在文献中的可见性影响软件的重复利用以及科学家参与开发开源软件的积极性[18]。从表 6-9 可以看出，在使用 Word2vec 的中文期刊论文中，超过 40% 的论文仅提及软件名称，比例远高于英文会议论文和英文期刊论文。这说明，排除正式引用后，中文期刊论文中的 Word2vec 可见性低于英文会议和期刊论文。此外，不论是中文论文还是英文论文，期刊论文还是会议论文，提及最多的都是软件开发者，其次是版本信息，最少的则是存储地址信息。

表 6-9 软件信息提及情况

文献类型	文献量	提及版本/年代文献量及占比							
		数量(篇)	占比(%)	数量(篇)	占比(%)	数量(篇)	占比(%)	数量(篇)	占比(%)
中文期刊	738	292	39.57	415	56.23	107	14.50	298	40.38
英文期刊	161	115	71.43	122	75.78	45	27.95	26	16.15
英文会议	787	531	67.47	571	72.55	215	27.32	163	20.71

3. Word2vec 的引用情况

在论文中正式引用软件可以提高软件的可见性，有助于促进软件的扩散与共享。本节研究采用引用缺失率来测度 Word2vec 的引用缺失情况。引用缺失率是指未引用软件的文献数在全部使用软件的文献数中的占比，计算公式为：软件引用缺失率=（使用软件的文献数-引用软件的文献数）/使用软件的文献数。表 6-10 列出了 Word2vec 的引用缺失情况。

由表 6-10 可知，Word2vec 的引用缺失率最高的是中文期刊论文，其次是英文会议论文，最低的是英文期刊论文。使用 Word2vec 的中文期刊论文量逐年增加，但 Word2vec 的引用缺失率未有下降的趋势，维持在 50% 附近。英文会议论文中的 Word2vec 引用缺失率则呈现一定的下降趋势，由最开始的 37% 下降到 27%。英文期刊论文中 Word2vec 的引用缺失率虽有波动，但除去 2017 年略高于会议论文，其他每年的引用缺失率均低于其他两类论文。

表 6-10　Word2vec 引用缺失率逐年变化情况

年份	中文期刊论文 使用数（篇）	中文期刊论文 引用数（篇）	中文期刊论文 引用缺失率（%）	英文期刊论文 使用数（篇）	英文期刊论文 引用数（篇）	英文期刊论文 引用缺失率（%）	英文会议论文 使用数（篇）	英文会议论文 引用数（篇）	英文会议论文 引用缺失率（%）
2013	1	0	100	0	0	—	0	0	—
2014	15	9	40	0	0	—	19	12	37
2015	35	19	46	12	10	17	64	46	28
2016	115	51	56	26	24	8	154	125	19
2017	186	95	49	53	40	25	281	215	23
2018	386	178	54	70	57	19	269	197	27
总计	738	352	52	161	131	19	787	595	24

为了探究软件引用是否与软件出现的位置有关，我们统计了使用 Word2vec 的 1686 篇中英文论文中软件出现的位置，计算不同位置的引用缺失率，结果如表 6-11 所示。

表 6-11　不同位置的 Word2vec 引用缺失率

位置	中文期刊论文 引用数（篇）	中文期刊论文 引用缺失率（%）	英文期刊论文 引用数（篇）	英文期刊论文 引用缺失率（%）	英文会议论文 引用数（篇）	英文会议论文 引用缺失率（%）
主题部分	121	48	98	19	495	24
正文部分	231	54	33	11	100	27
总计	352	52	131	19	595	24

由表 6-11 可知，在中文期刊论文中，Word2vec 出现在主题部分的论文引用缺失率（48%）略低于正文部分（54%）。在英文期刊论文中，Word2vec 出现在主题部分的论文引用缺失率（19%）稍高于正文部分（11%）。在英文会议论文中，Word2vec 出现在主题部分的论文引用缺失率（24%）低于正文部分（27%）。

此外，为了进一步探究核心期刊论文是否更有可能正式引用 Word2vec，将现有的期刊分为核心期刊和一般期刊。将《北京大学中文核心期刊目录》和 Web of Science 收录的期刊认定为核心期刊，其他期刊为一般期刊。表 6-12 列出了使用 Word2vec 的中英文核心期刊和一般期刊的论文量及引用缺失情况。

表 6-12　不同期刊类别的引用缺失率

期刊类型	中文期刊论文 使用数（篇）	中文期刊论文 引用数（篇）	中文期刊论文 引用缺失率（%）	英文期刊论文 使用数（篇）	英文期刊论文 引用数（篇）	英文期刊论文 引用缺失率（%）
核心期刊	457	234	49	118	100	15
一般期刊	281	118	58	43	31	28
总计	738	352	52	161	131	19

注：表头第二组"英文期刊论文"应为"英文会议论文"

由表 6-12 可知，中英文核心期刊中的 Word2vec 的引用缺失率均低于一般期刊。其中，中文核心期刊的引用缺失率为 49%，一般期刊的引用缺失率为 58%；英文核心期刊的引用缺失率仅为 15%，远低于一般期刊的 28%。为了探究核心期刊与一般期刊在 Word2vec 的引用情况上是否存在显著差异，本节研究使用 SPSS 20.0（IBM，2017）对数据进行了卡方检验。结果显示，中文期刊论文的卡方值为 3.328，P 值 = 0.068 > 0.05，无显著性差异；英文期刊论文的卡方值为 5.917，P 值 = 0.015 < 0.05，存在显著性差异。

此外，对论文中 Word2vec 的引用内容进行分类统计，结果如表 6-13 所示。从中可以看出，研究者倾向于引用 Word2vec 的相关出版物，引用比例高达 80%，远高于网站和用户指南/手册。其中，三类论文引用用户指南/手册的比例均比较低，英文论文比中文论文更愿意引用软件相关网站信息。

表 6-13　Word2vec 的引用内容分类

文献类型	引用 Word2vec 的论文量/篇	引用出版物及其占比 论文量（篇）	引用出版物及其占比 占比（%）	引用网站及其占比 论文量（篇）	引用网站及其占比 占比（%）	用户指南/手册 论文量（篇）	用户指南/手册 占比（%）
中文期刊	352	293	83.24	35	9.89	6	1.70
英文期刊	131	116	88.55	21	16.03	1	0.76
英文会议	595	531	89.24	79	13.28	9	1.51

6.2.4　讨论与结论

本节研究以开源软件 Word2vec 为例，采用内容分析法对其在中英文学术论文中的使用和引用情况进行深入分析，以此来揭示开源软件在学术论文中的可见性和学术影响力。研究结果发现，自 2013 年起，使用 Word2vec 的中英文论文量均逐年增长且增幅显著,从最初的 1 篇增长到 2018 年的 1686 篇,呈千倍增长,这侧面反映了很多科学研究需要借助于开源软件。

尽管有越来越多的论文使用 Word2vec,但是 Word2vec 的引用情况并不理想。分别有52%的中文期刊论文、24%的英文会议论文、19%的英文期刊论文使用却未正式引用 Word2vec。中文期刊论文的 Word2vec 引用缺失率是英文论文的两倍之多,这可能是因为国内的研究人员和出版机构尚未认识到正式引用软件的重要意义,也可能是因为国内目前尚无明确的软件引用规范,而国外的一些研究论文撰写格式(APA、IEEE 等格式)在其最新版本中已明确给出软件引用格式。与此同时,我们还发现,较之软件的存储地址,研究者更倾向于引用软件相关出版物,这也与 Howison 和 Bullard[18]之前的研究结果相符,可能是因为学术界具有引用出版物的传统和习惯。此外,英文核心期刊和一般期刊在引用缺失率上存在统计学意义上的显著差异。这或许是因为英文核心期刊比一般期刊有着更严格的学术规范。

综上所述,软件在科学研究中的作用日益显著,但是软件引用缺失依然严重。国内尚未将软件纳入科研奖励体系以及软件引用缺失的现状会导致科学家不再参与开源软件的开发、不再共享自己开发的科研软件,这将造成科学软件的重复开发和科研资源的浪费,不利于资源的优化配置。鉴于目前国内科研管理部门对软件学术价值不够重视、学者缺乏软件引用意识、学术界缺少统一的软件引用规范,有必要加深国内管理者和研究人员对软件学术贡献的理解,培养国内学者的软件引用意识,参考国外的数据和软件引用规范,制定出我国的软件引用标准,来推进我国软件引用规范化,促进软件传播和共享,进而提高科研效率。同时,建立统一规范的软件引用格式,为后续图情领域开展基于软件引证行为的细粒度信息计量分析研究提供一个新的视角,也为科研评价和创新激励提供一个新的维度。

6.3 本章小结

本章主要包括两部分内容:一是基于三种知识图谱工具的软件影响力研究,二是基于开源软件 Word2vec 的软件影响力研究。其中,基于三种知识图谱工具的软件影响力研究使用内容分析法探究 CiteSpace、HistCite 和 VOSviewer 在国际核心期刊论文中的提及与引用特征,并提出几个软件扩散指标来测度上述三种工具的扩散度和影响力,还对这三种工具的扩散模式进行了探究。该研究发现,CiteSpace、HistCite 和 VOSviewer 这三种知识图谱软件起源于图书情报学领域,也最早应用且最频繁应用于图书情报学领域,随后扩散到计算机科学和公共管理等密切相关领域，然后再扩散到更多样化的非密切相关领域。此外，三种知识图谱软件的扩散速度最初较慢，后来迅速增加，且在过去的十多年中不断加快。虽然这三种软件已被69个学科领域的200多种英文核心期刊的800多篇论文所使用，但是这三种软件的引用率在最近四年中呈持续下降趋势。

基于开源软件Word2vec的软件影响力研究使用内容分析法对Word2vec在中英文学术论文中的使用和引用情况进行多维度分析，以揭示开源软件在学术论文中的可见性和学术影响力。该研究发现，使用Word2vec的中英文论文量均呈逐年增长趋势且增幅显著，但是Word2vec的引用情况并不理想，中文期刊论文中Word2vec的引用缺失率显著高于英文论文。

参 考 文 献

［1］Howison J, Deelman E, Mclennan M J, et al. Understanding the scientific software ecosystem and its impact: Current and future measures［J］. Research Evaluation, 2015, 24（4）: 454-470.

［2］Hannay J E, MacLeod C, Singer J, et al. How do scientists develop and use scientific software? ［C］//Proceedings of the 2009 ICSE Workshop on Software Engineering for Computational Science and Engineering. Vancouver: IEEE, 2009: 1-8.

［3］Huang X, Ding X, Lee C P, et al. Meanings and boundaries of scientific software sharing ［C］//Proceedings of the 2013 Conference on Computer Supported Cooperative Work. New York: IEEE, 2013: 423-434.

［4］Belter C W. Measuring the value of research data: A citation analysis of oceanographic data sets［J］. PLoS One, 2014, 9（3）: e92590.

［5］Yu Q, Ding Y, Song M, et al. Tracing database usage: Detecting main paths in database link networks［J］. Journal of Informetrics, 2015, 9（1）: 1-15.

［6］Thelwall M, Kousha K. Academic Software Downloads from Google Code: Useful Usage Indicators?［J］. Information Research: An International Electronic Journal, 2016, 21（1）: n1.

［7］Hafer L, Kirkpatrick A E. Assessing open source software as a scholarly contribution［J］. Communications of the ACM, 2009, 52（12）: 126-129.

［8］Piwowar H. Value all research products［J］. Nature, 2013, 493（7431）: 159-159.

［9］Cartes-Velásquez R, Manterola Delgado C. Bibliometric analysis of articles published in ISI dental journals, 2007—2011［J］. Scientometrics, 2014, 98（3）: 2223-2233.

［10］Jacob J H, Lehrl S, Henkel A W. Early recognition of high quality researchers of the German psychiatry by worldwide accessible bibliometric indicators［J］. Scientometrics, 2007, 73（2）: 117-130.

［11］Abramo G, D'Angelo C A, Di Costa F. National research assessment exercises: A comparison of peer review and bibliometrics rankings［J］. Scientometrics, 2011, 89（3）: 929-941.

［12］Ding Y, Zhang G, Chambers T, et al. Content-based citation analysis: The next generation of citation analysis [J]. Journal of the Association for Information Science and Technology, 2014, 65 (9): 1820-1833.

[13] Ding Y, Song M, Han J, et al. Entitymetrics: Measuring the impact of entities [J]. PLoS One, 2013, 8 (8): e71416.

[14] Pan X, Yan E, Wang Q, et al. Assessing the impact of software on science: A bootstrapped learning of software entities in full-text papers [J]. Journal of Informetrics, 2015, 9 (4): 860-871.

[15] Mooney H. Citing data sources in the social sciences: Do authors do it? [J]. Learned Publishing, 2011, 24 (2): 99-108.

[16] Peters I, Kraker P, Lex E, et al. Research data explored: Citations versus altmetrics [J]. Journal of the Association for Information Science and Technology, 2015, 66 (10): 2003-2019.

[17] Pan X, Yan E, Hua W. Disciplinary differences of software use and impact in scientific literature [J]. Scientometrics, 2016, 109: 1593-1610.

[18] Howison J, Bullard J. Software in the scientific literature: Problems with seeing, finding, and using software mentioned in the biology literature [J]. Journal of the Association for Information Science and Technology, 2016, 67 (9): 2137-2155.

[19] Liu Y, Rousseau R. Towards a representation of diffusion and interaction of scientific ideas: The case of fiber optics communication [J]. Information Processing and Management, 2012, 48 (4): 791-801.

[20] Zhao R Y, Wu S N. The network pattern of journal knowledge transfer in library and information science in China [J]. Knowledge Organization, 2014, 41 (4): 276-287.

[21] Yan E. Disciplinary knowledge production and diffusion in science [J]. Journal of the Association for Information Science and Technology, 2016, 67 (9): 2223-2245.

[22] Börner K, Penumarthy S, Meiss M, et al. Mapping the diffusion of scholarly knowledge among major U.S research institutions [J]. Scientometrics, 2006, 68 (3): 415-426.

[23] Lewison G, Rippon I, Wooding S. Tracking knowledge diffusion through citations [J]. Research Evaluation, 2005, 14 (1): 5-14.

[24] Liu Y, Rousseau R. Knowledge diffusion through publications and citations: A case study using ESI-fields as unit of diffusion [J]. Journal of the American Society for Information Science and Technology, 2010, 61 (2): 340-351.

[25] Milojević S, Sugimoto C R, Larivière V, et al. The role of handbooks in knowledge creation and diffusion: A case of science and technology studies [J]. Journal of Informetrics, 2014, 8 (3): 693-709.

[26] Cobo M J, López-Herrera A G, Herrera-Viedma E, et al. Science mapping software tools: Review, analysis, and cooperative study among tools [J]. Journal of the American Society for Information Science and Technology, 2011, 62 (7): 1382-1402.

[27] Börner K, Chen C, Boyack K. Visualizing knowledge domains [J]. Annual Review of

Information Science and Technology, 2003, 37: 179-255.

[28] Van Eck N J, Waltman L. Software survey: VOSviewer, a computer program for bibliometric mapping [J]. Scientometrics, 2010, 84 (2): 523-538.

[29] Van Eck N J, Waltman L. Visualizing Bibliometric Networks [M] //Measuring scholarly impact: Methods and practice. Cham: Springer International Publishing, 2014: 285-320.

[30] Chen C. Science mapping: A systematic review of the literature [J]. Journal of Data and Information Science, 2017, 2 (2): 1-40.

[31] Chen C. Searching for intellectual turning points: Progressive knowledge domain visualization [J]. Proceedings of the National Academy of Sciences of the United States of America, 2004, 101 (1): 5303-5310.

[32] Chen C. CiteSpace II: Detecting and visualizing emerging trends and transient patterns in scientific literature [J]. Proceedings of the National Academy of Sciences, 2006, 57 (3): 359-377.

[33] Garfield E. From the science of science to Scientometrics visualizing the history of science with HistCite software [J]. Journal of Informetrics, 2009, 3 (3): 173-179.

[34] Morris M W, Moore P C. The lessons we (don't) learn: Counterfactual thinking and organizational accountability after a close call [J]. Administrative Science Quarterly, 2000, 45 (4): 737-765.

[35] Garfield E. Information technology and the social-sciences [J]. Current Contents, 1988, 46: 3-9.

[36] White H D. Pathfinder networks and author cocitation analysis: A remapping of paradigmatic information scientists [J]. Journal of the Association for Information Science and Technology, 2003, 54 (5): 423-434.

[37] Small H. Update on science mapping: Creating large document spaces [J]. Scientometrics, 1997, 38 (2): 275-293.

[38] Freelon D. ReCal: Intercoder reliability calculation as a web service [J]. International Journal of Internet Science, 2010, 5 (1): 20-33.

[39] Altman D G. Practical Statistics for Medical Research [M]. Boca Raton: CRC Press, 1990.

[40] Rousseau R. Robert Fairthorne and the empirical power laws [J]. Journal of Documentation, 2005, 61 (2): 194-202.

[41] Pan X, Cui M, Yu X, et al. How is CiteSpace used and cited in the literature? An analysis of the articles published in English and Chinese core journals [C] //Proceedings of the 16th International Conference on Scientometrics and Informetrics, Wuhan: ISSI, 2017.

[42] Borgman C L. Bibliometrics and scholarly communication: Editor's introduction [J]. Communication Research, 1989, 16 (5): 583-599.

[43] Rinia E J, Van Leeuwen T N, Bruins E E W, et al. Citation delay in interdisciplinary knowledge exchange [J]. Scientometrics, 2001, 51 (1): 293-309.

[44] Van Leeuwen T, Tijssen R. Interdisciplinary dynamics of modern science: Analysis of cross-

disciplinary citation flows［J］. Research Evaluation, 2000, 9（3）: 183-187.

［45］ Tenopir C, Allard S, Douglass K, et al. Data sharing by scientists: Practices and perceptions［J］. PLoS One, 2011, 6（6）: e21101.

［46］ Rolland B, Lee C P. Beyond trust and reliability: Reusing data in collaborative cancer epidemiology research［C］//Proceedings of the 2013 Conference on Computer Supported Cooperative Work. San Antonio: ACM, 2013: 435-444.

［47］ 丁楠, 丁莹, 杨柳, 等. 我国图书情报领域数据引用行为分析［J］. 中国图书馆学报, 2014, 40（6）: 105-114.

［48］ 王雪, 马胜利, 余曾溧, 等. 科学数据的引用行为及其影响力研究［J］. 情报学报, 2016, 35（11）: 1132-1139.

［49］ 黄如花, 邱春艳. 国外科学数据共享研究综述［J］. 情报资料工作, 2013, 34（4）: 24-30.

［50］ Mooney H, Newton M P. The anatomy of a data citation: Discovery, reuse, and credit［J］. Journal of Librarianship and Scholarly Communication, 2012, 1（1）: eP1035.

［51］ 侯经川, 方静怡. 数据引证研究: 进展与展望［J］. 中国图书馆学报, 2013, 39（1）: 112-118.

［52］ Hakim O W. Giving it away for free? The nature of job-market signaling by open-source software developers［J］. Journal of Economic Analysis & Policy, 2008, 8（1）: 1875-1875.

［53］ Hann I H, Roberts J, Slaughter S. Why Developers Participate in Open Source Software Projects: An Empirical Investigation［J］. Association for Information Systems Electronic Library, 2004: 821-830.

［54］ Howison J, Herbsleb J D. Scientific software production: Incentives and collaboration［C］// Proceedings of the ACM 2011 Conference on Computer Supported Cooperative Work. Hangzhou: ACM, 2011: 513-522.

［55］ 周颖. 期刊与会议论文的对比分析: 以 CSSE 为例［J］. 图书情报知识, 2013（6）: 114-121.

［56］ Singletary M. Mass communication research: Contemporary methods and applications［M］. New York: Longman, 1994.

第 7 章 中国科研人员的科学软件使用和引用行为研究

基于学术论文的软件使用和引用调查显示软件引用缺失严重,但是目前尚不清楚科研人员未在研究成果引用科学软件的原因,也不清楚科研人员在多大程度上提及其所使用的科学软件。因此,本章通过问卷调查来揭示我国科研人员的软件使用与引用实践现状,探究他们未在研究成果中提及和引用其所使用科学软件的原因。

7.1 研究动机

随着以数据密集型计算为特征的科学研究第四范式的兴起,科学研究越来越依赖于软件工具的支撑[1]。国外的一些调查发现,有相当高比例的科研人员表示软件在他们的研究工作中发挥着重要作用[2-3]。然而,在目前主要由出版物驱动的科研评价体系中,软件往往被认为是科学研究的副产品,其学术价值一直被低估甚至被忽略[4]。学术界对软件学术价值的低估会导致科学家没有动力开发、维护和共享科学软件,这将造成科学软件的重复开发和科研资源的浪费。

直到近年来,一些科学资助机构和科研评价组织,如美国国家科学基金会和英国高等教育基金委员会,才开始将软件认定为有效的科研成果[5-6]。此后,学者们开始对软件学术影响力的测度问题进行探讨。学者们对不同领域学术论文中的软件提及和引用情况进行的调查发现,研究者在论文中提及其所使用软件时表现出很大的随意性且软件引用缺失情况普遍存在[7-9]。然而,目前尚不清楚我国科研人员实际使用和引用科学软件的现状如何,也不清楚他们未在研究成果中提及和引用其所使用的科学软件的主要原因是什么,更不清楚他们参与开发科学软件的现状以及开发者对软件引用的期望如何。

本章研究拟对我国科研人员的科学软件选择、使用、提及和引用行为进行调查分析,试图揭示科学软件对我国科研人员研究工作的重要性、探究影响科研人员软件提及和引用行为的主要因素、比较我国科研人员与国外科研人员在科学软件开发方面的差异。研究的意义在于:①更好地了解科学软件对我国科研工作与科学发展的重要性,为我国有关部门将科学软件认定为有效科研成果,进而将其纳入科研评价体系提供决策依据；②加深对科学软件提及和引用缺失原因的认识，为我国科学软件使用和引用规范的制定与实施奠定一定的基础，有助于推进科学软件使用和引用规范化；③揭示我国科研人员对科学软件开发的参与程度，为我国科学资助机构增加科学软件开发和教育投入提供数据支撑。需要指出的是，在借鉴已有的相关定义的基础上[2,10]，本书将"科学软件"定义为被用来生成、处理或分析科学研究结果的软件工具，不包括诸如文字处理软件、搜索引擎、文献管理工具这些用于信息呈现、检索与管理等相关软件工具。此外，本章研究中的"正式引用科学软件"是指在研究成果的参考文献列表中给出科学软件相关引用条目。

7.2 研究方法

本章研究主要采用问卷调查法对我国科研人员的科学软件使用和引用行为进行调查，并采用统计学方法对调查数据进行统计分析。本章研究主要选取从事科研工作的在读博士生、高校教师、科研院所研究人员作为调查对象，并将这些对象统称为科研人员。首先，根据研究问题、前期研究发现的学术论文中的软件提及和引用特征[3,4,8]以及前人的相关研究[2,11-14]设计初始问卷。其次，在实施大规模调查之前，选择20名科研人员进行预调查，并根据反馈信息对问卷结构和题项表述进行修正，进而形成正式调查问卷。然后，通过问卷星平台（https://www.wjx.cn/）发放正式问卷，共回收问卷452份，剔除存在题项回答明显错误、漏答等错误的40份无效问卷，剩余412份有效问卷，有效率为91.2%。在研究设计之初，将"在读硕士"也视作科研人员。后听取专家意见，将学术身份为"在读硕士"的样本剔除，主要是考虑到可能有相当比例的在读硕士尚未获得足够的科研训练且无学术论文发表经验。剔除学术身份为"在读硕士"的样本之后，剩余224份有效问卷。最后，使用统计软件SPSS 20.0（IBM SPSS, Inc. Chicago, IL, USA）对这224份问卷数据进行分析。在224个有效样本中，男性占47.3%，女性占52.7%，女性略多于男性。科研工作年限方面，从事科学研究工作5年以下、5~10年、10年以上的受访者分别占39.3%、39.7%、21.0%，调查对象以青年科研人员为主。需要指出的是，受访者从事科学研究的工作年限从其硕士阶段算起。受调查的科研人员的基本信息见表7-1。

调查问卷由问卷导语及填写说明（该部分说明调查数据的学术用途、填写要求以及科学软件的定义），受访者基本信息，科研人员的科学软件选择、使用、提及、引用行为与意愿以及开发行为与引用期望三大部分组成，共包含23个题项。第二部分共6题，用于收集受访者的基本信息。第三大部分共17题，用于了解科学软件对我国科研人员的重要性（1题）以及我国科研人员的科学软件选择行为（2题）、提及与使用行为（6题）、引用行为（3题）、引用意愿（3题）、开发行为与软件引用期望（2题）。问卷的题项结构与内容见表7-2。

表7-1 受调查科研人员的基本信息（样本数 $N=224$）

调查项目		人数（人）	占比（%）	调查项目		人数（人）	占比（%）
性别	男	106	47.3	学术身份	在读博士	95	42.4
	女	118	52.7		讲师/助理研究员/助理馆员	68	30.4
年龄	25岁以下	51	22.8		副教授/副研究员/副馆员	38	17.0
	25~34岁	110	49.1		教授/研究员/研究馆员	6	2.7
	35~44岁	55	24.6		其他	17	7.6
	45岁以上	8	3.6				
最高学位	学士	34	15.2	研究领域	人文类	20	8.9
	硕士	85	37.9		社科类	87	38.8
	博士	105	46.9		理科类	53	23.7
科研工作年限	5年以下	88	39.3		工科类	64	28.6
	5~10年	89	39.7		医学类	11	4.9
	10年以上	47	21.0		其他	8	3.6

表7-2 调查问卷的题项结构与内容

研究问题	问卷题目
受调查者基本信息	性别、年龄、最高学位、主要学术身份、研究领域、从事科研工作年限
科学软件对研究工作的重要性	您认为科学软件对您研究工作的重要程度
科学软件选择行为	影响您最终选择某个科学软件的决定性因素
	您通常通过什么方式来发现科学软件
科学软件提及与使用行为	在您的科学研究中，使用科学软件的频率
	您曾在您的科学研究中使用过哪些科学软件
	您是否曾在研究成果中提及软件的相关信息
	一般情况下，您会提及的软件相关信息包括

续表

研究问题	问卷题目
科学软件提及与使用行为	通常情况下，您在论文中提及软件信息的位置
	您未在研究成果中提及您所使用的软件相关信息的原因
科学软件引用行为	您是否曾在研究成果中正式引用软件的相关信息
	您未在研究成果中正式引用软件的原因
	通常情况下，您正式引用的软件信息是
科学软件引用意愿	如果软件开发者明确提出了引用要求，您是否愿意按照其要求进行正式引用
	对于研究中所使用的免费软件，您认为是否有必要按照统一规范的格式在研究成果中正式引用
	对于研究中所使用的商业（付费）软件，您认为是否有必要按照统一规范的格式在研究成果中正式引用
科学软件开发行为与软件引用期望	您是否参与过科学软件的开发
	如果您开发的软件被他人使用，您是否希望其被正式引用

问卷问题的设计紧紧围绕研究问题，而问题选项的设置主要依据课题组和前人的相关研究成果、已有相关调查问卷题项以及专家意见，以确保问卷题项合理有效。为确定调查问卷的有效性，邀请了 8 位领域专家对问卷的内容效度进行评价。结果显示，87.5% 的专家认为问卷内容有效，12.5% 的专家认为问卷内容基本有效，没有专家认为问卷内容无效，说明该问卷的内容效度较好。同时，将问卷调查数据导入 SPSS 20.0 进行信度分析，得到总问卷的克隆巴赫 α 系数为 0.962，说明问卷的内部一致性信度很好。

7.3 研究结果

7.3.1 科学软件对科研人员研究工作的重要性

在 224 位受访者中，仅有 1.7% 的人表示科学软件对其研究工作不重要或完全不重要；11.6% 的人表示科学软件对自己的研究工作有点重要；86.7% 的人表示科学软件对自己的研究工作重要或非常重要。此外，有近一半的受访者表示科学软件对自己的研究工作非常重要。由此可见，科学软件在我国科研人员的研究工作中发挥着重要作用。

为便于分析不同性别、学术身份、研究领域、科研工作年限的科研人员在科学软件对研究工作重要性上的认知差异，笔者将有点重要、重要和非常重要选项合并为重要，将不重要和完全不重要选项合并为不重要。利用 SPSS 对性别和科学软件重要性进行交叉制表分析发现，男性科研人员中有 1.9% 的人表示科学软件对自己的研究工作不重要，而女性科研人员中仅有 1.7% 的人持上述观点。卡方检验结果显示，二者不存在统计学上的显著差异。通过交叉制表分析还发现，所有受访教授/研究员/研究馆员均表示科学软件对自己的研究工作重要，在读博士研究生和讲师/助理研究员/助理馆员中持上述观点的人数分别占各组总人数的 98.9% 和 98.5%，而副教授/副研究员/副馆员中表示科学软件对研究工作重要的人数比例相对较低（94.7%）。调查结果还显示，人文类领域的科研人员中表示科学软件对研究工作重要的人数比例最低（85%），其次是社科类（98.9%）、理科类（98.1%），工科类和医学类领域的比例最高（均为 100%）。此外，从事科研工作 10 年以上的科研人员中有 93.8% 的人表示科学软件对自己研究工作重要，比例略低于从事研究工作 5～10 年和从事研究工作 5 年以下两组中的比例（分别为 98.9% 和 100%）。

7.3.2　科研人员的科学软件选择行为

当科研人员需要使用软件解决特定的研究问题时，62.8% 的受访者表示通过咨询同事来选择科学软件；58.7% 的受访者选择在科学文献中查找类似情况下研究者所使用的软件；39.4% 的受访者则使用通用搜索引擎（如百度、谷歌、必应等）检索来查找科学软件（图 7-1）。Hucka 和 Graham[13] 的调查结果显示，受访者主要通过使用通用搜索引擎进行网络搜索、咨询同事以及在科学文献中查找类似情况下作者所使用的软件三种方式来查找选择软件。这与本书的研究结果相似。然而，将受访者按是否参与过软件开发分类后分析发现，无软件开发经验的科研人员倾向于使用通用搜索引擎进行网络搜索，而参与过软件开发的科研人员更愿意通过在社会化媒体/问答社区（如知乎、微博等）中进行搜索或提问。

为探究影响科研人员选择科学软件的主要因素，笔者根据前人相关研究和专家意见列出了软件的功能、易用性、运行速度/性能、价格、用户评价等 10 个因素，并邀请受访者分别对其重要性做出评测。重要性分为完全不重要、不重要、一般、重要和非常重要，分别记为 1、2、3、4、5 分。从表 7-3 可以看出，促使科研人员选择某科学软件的最重要因素是该软件具有帮助其完成研究工作的特定功能（平均分高达 4.38 分），其次是软件易于使用（4.25 分）、软件易于学习（4.16 分）、软件的运行速度/性能（4.04 分）。另外，软件用户的评价建议、软

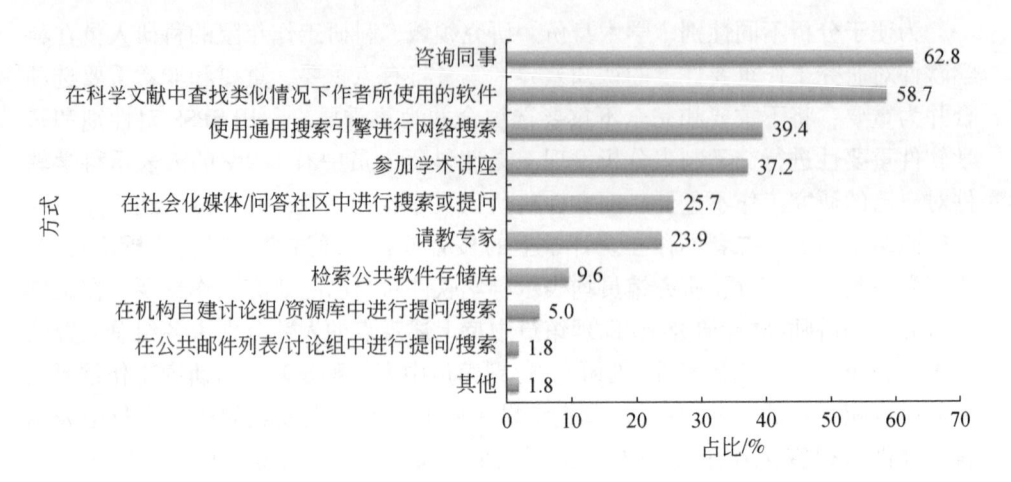

方式
- 咨询同事 62.8
- 在科学文献中查找类似情况下作者所使用的软件 58.7
- 使用通用搜索引擎进行网络搜索 39.4
- 参加学术讲座 37.2
- 在社会化媒体/问答社区中进行搜索或提问 25.7
- 请教专家 23.9
- 检索公共软件存储库 9.6
- 在机构自建讨论组/资源库中进行提问/搜索 5.0
- 在公共邮件列表/讨论组中进行提问/搜索 1.8
- 其他 1.8

图 7-1 科研人员选择科学软件的方式（$N=218$）

件价格、使用软件的文献质量、软件的使用/被引频次和使用软件的学者名望对科研人员做出的选择决定也有较大影响，而软件开发者知名度的影响最小。

表 7-3 科研人员选择科学软件的影响因素（$N=218$）

题项	完全不重要 人数（人）	完全不重要 占比（%）	不重要 人数（人）	不重要 占比（%）	一般 人数（人）	一般 占比（%）	重要 人数（人）	重要 占比（%）	非常重要 人数（人）	非常重要 占比（%）	平均分
软件具有特定功能	3	1.4	3	1.4	10	4.6	95	43.8	107	49.1	4.38
软件易于使用	3	1.4	6	2.8	18	8.3	98	45.0	93	42.7	4.25
软件易于学习	1	0.5	5	2.3	26	11.9	113	51.8	73	33.5	4.16
软件的运行速度/性能	4	1.8	9	4.1	33	15.1	101	46.3	71	32.6	4.04
软件用户的评价建议	11	5.0	13	6.0	35	16.1	114	52.3	45	20.6	3.78
软件价格	8	3.7	9	4.1	62	28.4	90	41.3	49	22.5	3.75
使用软件的文献质量	10	4.6	16	7.3	58	26.6	90	41.3	44	20.2	3.65
软件的使用/被引频次	12	5.5	34	15.6	61	28.0	73	33.5	38	17.4	3.42

续表

题项	完全不重要 人数（人）	完全不重要 占比（%）	不重要 人数（人）	不重要 占比（%）	一般 人数（人）	一般 占比（%）	重要 人数（人）	重要 占比（%）	非常重要 人数（人）	非常重要 占比（%）	平均分
使用软件的学者名望	12	5.5	29	13.3	82	37.6	68	31.2	27	12.4	3.32
软件开发者的知名度	26	11.9	42	19.3	90	41.3	37	17.0	23	10.6	2.95

7.3.3 科研人员的科学软件提及和使用行为

在224位受访科研人员中，有78.6%的人表示经常使用科学软件，18.8%的人表示很少使用科学软件，仅有2.7%的人表示在科学研究中从不使用科学软件。通过分析不同学科科研人员的软件使用频率发现，理科类和医学类领域的所有受访科研人员都使用过科学软件，工科类、社科类和人文类领域科研人员中分别有99.0%、98.9%和80.0%的人表示使用过科学软件（图7-2）。为了便于分析不同科研工作年限的科研人员在软件使用频率上的差异，笔者先将"从不使用"和"很少使用"合并为"不经常使用"，然后利用SPSS对科研工作年限和软件使用频率进行交叉制表发现，从事科研工作10年以上的科研人员中仅有59.5%的人表示经常使用科学软件，而从事科研工作5~10年和5年以下的科研人员中则分别有80.2%和86.6%的人表示经常使用科学软件。卡方检验结果显示，三者之间存在统计学意义上的显著差异（$p=0.002<0.01$）。这可能是因为研究资历长者较多地从大方向上指导年轻合作者开展研究而不是自己运用科学软件进行具体研究工作。此外，对"您曾在您的科学研究中使用过哪些软件"这一问题的回答进行统计分析发现，24位受访者所填写科学软件均产自国外，与此同时，211位受访者高频选择的SPSS、MATLAB、Origin、ImageJ和Stata等也都产自国外。

在218位使用过科学软件的受访科研人员中，有68.8%的人表示在研究成果中提及过其所使用的科学软件，31.2%的受访者从未在研究成果中提及科学软件。调查数据还显示，具有博士学位的受访者中有83.3%的人表示曾在研究成果中提及科学软件，而最高学位为硕士学位和学士学位的受访者中分别有57.8%和51.5%的人表示曾在研究成果中提及科学软件。对三组科研人员的科学软件提及率进行卡方检验，结果显示差异具有统计学意义（$p=0.000<0.001$）。这可能与

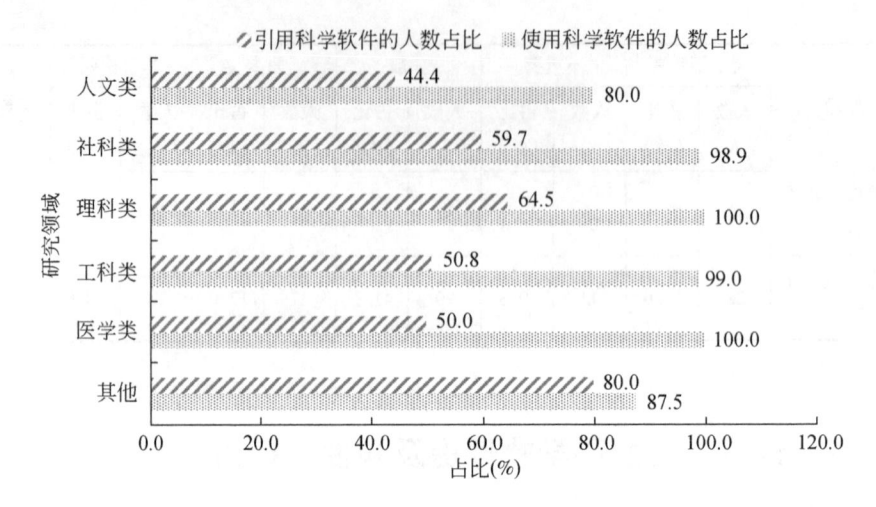

图 7-2　不同学科科研人员的科学软件使用和引用情况

受访的在读博士中有相当比例的人尚未发表研究成果有关。

在研究成果中给出所使用科学软件的名称、版本信息、创建者、存储地址等信息有助于提高软件的可见性，进而促进软件的扩散和再利用。表 7-4 的数据显示，有近 10% 的受访者表示未在研究成果中提及软件名称，提及软件版本信息、存储地址信息和开发者的科研人员占比分别为 53.3%、20.0% 和 18.7%。这与我们之前对图情领域期刊论文中软件信息提及情况的调查结果（版本信息提及率为 29.8%，存储地址提及率为 8.1%，开发者提及率为 6.3%）[4]相比，科研人员自我表达的研究成果中的软件信息提及率更高。

表 7-4　科研人员在研究成果中提及科学软件的相关信息和位置（$N=150$）

提及科学软件的相关信息	人数（人）	占比（%）	提及科学软件的位置	人数（人）	占比（%）
软件名称	139	92.7	正文	130	86.7
软件版本信息	80	53.3	参考文献	34	22.7
软件运行环境	36	24.0	摘要	32	21.3
软件相关文献	36	24.0	附录	18	12.0
软件存储地址	30	20.0	关键词	14	9.3
软件开发者	28	18.7	致谢	10	6.7
软件年代	15	10.0	题名	7	4.7
软件使用手册/技术文档	13	8.7			
其他	2	1.3			

从表 7-4 还可以看出，86.7%的受访者在正文中提及科学软件，22.7%的受访者在参考文献中提及科学软件。此外，分别有 21.3%、12.0%、9.3%、6.7%和 4.7%的受访者表示在摘要、附录、关键词、致谢和题名中提及科学软件。在研究成果中提及过科学软件的 150 位受访者中，仅有 25.3%的人表示在主题部分（包括题名、关键词和摘要）提及科学软件。由此可见，仅依据研究成果参考文献部分或主题部分的科学软件提及情况来测度软件影响力可能会低估科学软件学术价值。

科研人员未在研究成果中提及自己所使用科学软件的原因见表 7-5。从表 7-5 可以看出，有 56.9%的受访者因为使用的科学软件是众所周知的软件而选择不在研究成果中提及；38.1%的受访者认为科学软件是一种无需在研究成果中提及的服务/辅助工具；还有 17.9%的受访者因缺乏软件提及意识而未在研究成果提及所使用的科学软件。另外，还有一定比例的受访者因科学软件对研究结果帮助有限或难以获取准确的软件相关信息而未提及。

表 7-5 科研人员未在研究成果中提及所使用科学软件的原因（$N=218$）

未提及科学软件的原因	人数/人	占比/%
该软件是大众软件，众所周知，没必要提及	124	56.9
软件只是一种服务/辅助工具，没必要提及	83	38.1
未意识到需要在研究成果中提及所使用的软件	39	17.9
该软件对研究结果没有帮助或帮助不大	26	11.9
软件的相关信息缺失太多	18	8.3
没有开放可靠的软件信息获取平台	18	8.3
该软件非大众软件，很少人知晓，没必要提及	7	3.2
其他	7	3.2

7.3.4 科研人员的科学软件引用行为

在科研成果中正式引用科学软件不仅可以提高科学软件的可见性，还有助于全面检索和评价科学软件[15]。在 150 位提及过所使用科学软件的科研人员中，有 56%的人表示曾在研究成果中正式引用科学软件。其中，最高学位为硕士学位的受访者中有 52.1%人表示曾正式引用科学软件，而最高学位为博士和学士学位的受访者中分别有 57.6%和 58.8%的人表示曾正式引用科学软件。对三组科研人员的科学软件引用率进行卡方检验发现，三组无显著性差异（$p=0.80>0.05$）。此外，理科类和社科类领域提及科学软件的科研人员中分别有 64.5%和

59.7%的人正式引用过科学软件，而工科类、医学类、人文类领域引用科学软件的人数占比分别为50.8%、50.0%和44.4%（图7-2）。可见，不同学科科研人员的软件引用实践存在差异。在84位正式引用过科学软件的科研人员中，有47.6%的人选择引用软件使用手册/指南/技术文档，45.2%的人选择引用软件相关出版物，另有40.5%的人选择引用软件存储地址等其他相关信息。这在一定程度上说明我国科研人员的软件引用行为较为随意。

问卷也对科研人员未在研究成果中正式引用科学软件的原因进行了调查，结果如表7-6所示。从表7-6可以看出，科研人员未正式引用科学软件的最主要原因是未意识到软件和文献一样是一种需要正式引用的研究成果，有近一半的受访者选了此原因。另外一个重要原因是没有规范的软件引用格式，不知如何引用，有40.4%的受访者选择该选项。此外，学术界缺乏软件引用氛围、未找到软件相关引用源和引用软件不能提高软件学术价值的认可度也是科研人员未引用科学软件的重要原因，分别有28.9%、28.4%和25.7%的受访者选择了上述三个原因。还分别有16.5%和14.7%的受访者表示因为出版机构无明确软件引用要求和软件开发者无软件引用需求而未正式引用科学软件。

表7-6 科研人员未在研究成果中正式引用科学软件的原因（$N=218$）

未正式引用科学软件的原因	人数（人）	占比（%）
未意识到软件和文献一样是一种需要正式引用的研究成果	97	44.5
没有规范的软件引用格式，不知道如何引用	88	40.4
学术界缺乏软件引用的氛围	63	28.9
在获取和使用软件的过程中，并未找到相关的引用源	62	28.4
软件并不是出版物，即使正式引用也不会像其他引文一样得到重视	56	25.7
出版机构并未有明确的软件引用要求	36	16.5
软件开发者并未有相关引用需求	32	14.7
其他	9	4.1

7.3.5 科研人员的科学软件引用意愿

问卷还对科研人员对免费和付费两类科学软件的引用意愿分别进行了考察，结果见图7-3。对于免费科学软件，65.6%的受访者认为有必要按照统一规范的格式正式引用，15.6%的受访者持相反观点，还有18.8%的受访者认为无所谓；对于付费/商业科学软件，63.4%的受访者认为有必要规范引用，18.3%的受访者认为没必要规范引用，还有18.3%的人受访者持无所谓态度。可见，科研人员对免费和付费两类科学软件的引用态度基本一致，均有超过六成的受访者表示有必要规范引用。此外，调查数据显示，女性科研人员中有66.9%的人认为有必要按照统一规范的格式对付费科学软件进行引用，而男性科研人员中仅有59.4%的人对此持相同态度。卡方检验显示，不同性别的科研人员在规范引用付费科学软件的态度上存在统计学意义上的显著差异（$p=0.008<0.05$）。然而，不同性别科研人员在规范引用免费科学软件态度上不存在统计学意义上的显著差异。

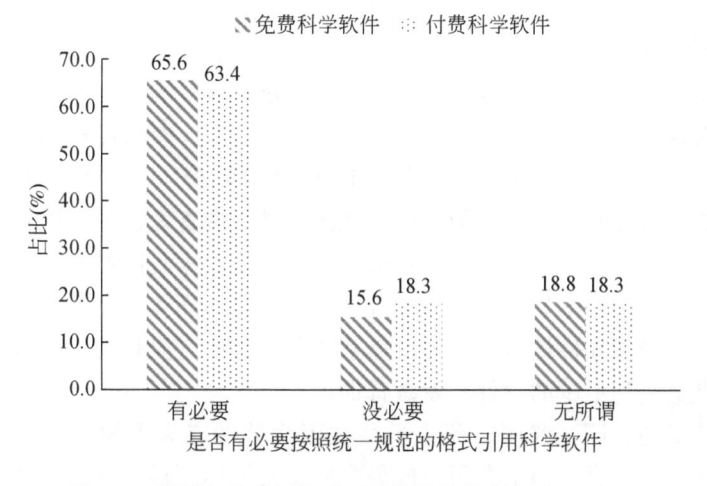

图 7-3　科研人员对规范引用科学软件的态度（$N=224$）

虽然224位受访科研人员中仅有不足70%的人认为有必要按照统一规范的格式引用科学软件，但是若软件开发者明确提出了引用要求，则有94.6%的人表示愿意按要求进行正式引用，增加了近30%。上述数据说明软件开发者明确提出的软件引用要求很可能有助于提高软件的引用率。

在224位受访科研人员中，有19人（占8.5%）参与过科学软件的开发。其中11人来自工科类领域（占工科类总人数的17.2%），8人来自社科类领域（占社科类总人数的9.2%），3人来自理科类领域（占理科类总人数的5.7%），还有1人来自其他领域。可见，工科类领域的科研人员更多地参与科学软件开发活动。在这19位参与过科学软件开发的科研人员中，有84.2%的人希望自己开发的软件获得正式引用，10.5%的人不希望他人引用自己开发的软件，5.3%的人对此表示无所谓。调查数据显示，参与过科学软件开发的受访者中有73.7%的人表示愿意规范引用免费软件，比例高于未参与过软件开发的科研人员组的数值（65.6%）。可见，前者比后者更愿意引用免费科学软件。调查数据还显示，这些科学软件开发者中有47.4%的人曾在学术成果中正式引用软件，而无科学软件开发经历的科研人员中仅有36.6%的人有过软件引用行为。上述数据说明大部分参与过软件开发的科研人员不仅期望他人正式引用自己的软件，也会积极引用他人开发的科学软件。

7.4 结果讨论

本次调查结果表明，科学软件在中国科研人员的研究工作中发挥着重要作用：有超过85%的受访科研人员认为科学软件对自己的研究工作重要或非常重要，且有超过97%的受访科研人员使用过科学软件。这与针对欧美科研人员的调查结果类似（92%和95%）[2,16]。虽然大部分中国科研人员在研究工作中都使用过科学软件，但只有少部分中国科研人员（8.5%）参与过科学软件开发。而2014年Hettrick[2]对英国罗素大学集团15所成员院校417名研究人员的调查发现，56%的受访者开发过自己的软件。该比例是本调查发现的中国科研人员中的参与过科学软件开发人数比例的6.6倍。这可能是因为我国的科学资助机构和科研评价组织尚未将科学软件认定为有效的科研成果，而英国高等教育基金委员会等组织机构已经将软件纳入科研评价体系[6,17]。这也可能是因为我国科研人员比欧美科研人员受到更少的软件开发教育训练。

调查结果还表明，我国科研人员往往因为软件广为人知、低估软件学术价值、缺乏软件提及意识而未在研究成果中提及其使用的科学软件。由此可见，积极培养科研人员的软件提及意识和充分肯定软件学术价值将有助于提高研究成果中的软件提及率。此外，这里的软件广为人知是基于科研人员的自我感知得出的结论，由于科研人员之间存在认知差异，所以不同科研人员对同一科学软件知名度的判断会存在一定的差异。即使该科学软件广为人知，只要它在研究工作中发挥了重要作用，笔者认为也有必要在研究成果中提及，供评审和读者参考论证。

Howison和Bullard[7]以及杨波等[18]对生物学英文期刊论文中的软件引用情况进行调查，分别发现56%和52%的被提及软件没有获得正式引用。崔明等[4]对图书情报学领域中文期刊论文中的软件引用情况进行调查发现，软件引用缺失率高达84%。而本次调查发现，医学类、工科类和社科类领域提及科学软件的科研人员中分别有50%、49%和40%的人表示未正式引用科学软件。虽然科研人员的软件引用实践存在学科差异，但总体情况不容乐观——提及科学软件的研究人员中有44%的人未正式引用科学软件。本次调查还发现，有超过四成的科研人员因没有规范的软件引用格式，不知道如何引用而未在研究成果中正式引用科学软件。事实上，Pan等[15]的研究也确实发现了开发者在软件网站上提供软件引用信息显著地提高了软件引用率。科研人员还往往因为缺乏软件引用意识、低估软件价值、缺少软件引用氛围而不引用科学软件。因此，我国政府管理部门、科研资助机构等相关组织可以通过制定并发布科学软件引用规范、将科学软件纳入科研评价体系、积极培养科研人员的软件引用意识、努力打造科学软件引用氛围等措施来推进软件引用规范化、提高软件引用率，进而促进软件共享和再利用。

崔明等[4]对图情领域中文核心期刊论文中的软件引用情况的调查发现，免费软件的引用率（29%）显著高于收费软件的引用率（6%）。然而，本次调查发现，分别有65.6%和63.4%的科研人员认为有必要按照统一规范的格式正式引用免费科学软件和收费科学软件，科研人员对两类软件的引用意愿基本一致。崔明等[4]发现的免费科学软件的高被引率，很可能是因为免费软件网站比付费软件网站更多地提供了软件引用信息以及用户习惯引用的软件相关出版物、手册、指南、技术文档等。虽然有超过六成的科研人员认为有必要规范引用科学软件，但只有不超过五成的科研人员表示正式引用过科学软件。调查结果还显示，有近三成的无软件引用意愿的科研人员表示愿意按照软件开发者的引用要求去引用科学软件。这说明开发者的软件引用要求可以提高科研人员的软件引用意愿，进而促进科研人员的软件引用实践。

此外，有近85%的具有科学软件开发经历的科研人员希望自己的软件获得正式引用，这说明有相当比例的科学软件开发者关心自己软件的引用情况。不同于一经出版无需修改维护的论文专著，软件在上线之后仍需要开发者花费时间精力去维护和完善才能持续可用[19]。与此同时，获得引用和学术声誉已被发现是科研人员开发和共享科学软件的重要动因[15-16]。由此可以推断，一些科学软件开发者可能因软件未获得自己所期待的引用和肯定而不再维护和完善软件以供他人免费使用。这将造成科学软件的重复开发和有限科研资源的极大浪费。

7.5 结论与展望

本章研究采用问卷调查法对我国科研人员的科学软件选择、使用和引用行为及其未提及、未引用科学软件的原因进行调查，并将此次调查结果与已有相关研究结果进行比较。需要指出的是，本章研究的有效样本量略小，未来可以增加更多年龄层科研人员，特别是年长科研人员样本来验证结果的适用性。虽然本次调查样本略少，但还是发现了一些需要引起重视的问题。虽然我国大部分科研人员与很多国外研究人员一样，认为科学软件对自己的研究工作重要且经常使用科学软件，但他们却比国外科研人员更少地参与科学软件开发。这可能造成较少的国有科学软件产出以及我国科研人员对国外科学软件的过度依赖，进而造成我国的科学发展随时都有被"卡脖子"的危险。事实上，本次调查中受访科研人员填写的常用科学软件都产自国外这一发现在一定程度上证实了我国科研人员对国外科学软件的过度依赖。我国图情领域常用科学软件中仅有不足20%的软件产自中国[4]这一发现同样反映了我国科研人员对国外科学软件的过度依赖。因此，我国有必要加大科学软件研发和教育投入力度并将科学软件纳入科研评价体系、充分肯定科学软件的学术价值，以鼓励我国科研人员开发和共享科学软件，避免过度依赖国外科学软件。

调查结果还显示，超过八成的科学软件开发者希望自己的科学软件获得正式引用。然而，有一半的科研人员因缺乏软件引用意识、不清楚软件引用格式、低估软件价值、缺少软件引用氛围等原因未在研究成果中正式引用科学软件。即使是那些在研究成果中正式引用过科学软件的科研人员，也对如何引用软件有不同观点：有人选择引用软件使用手册/指南/技术文档，也有人选择引用软件相关出版物，还有人选择直接引用软件存储地址等其他相关信息。关于如何在研究成果中正式引用科学软件，目前学术界尚无共识[20]。笔者同意Smith等[21]的观点，即软件本身应与论文、图书等其他研究成果一样获得引用；作者应该像引用适当的论文一样引用适当的软件产品。我们建议科研人员在文献中直接引用软件本身而不是引用软件使用手册或相关出版物，因为这样便于区分作者使用的是软件本身还是软件相关文献中的知识。事实上，国外一些参考文献引用格式，如《美国心理学会出版手册》（第六版）也建议作者直接引用软件本身，其给出的软件引用格式为："Rightsholder. (Year). Title of Software or Program (Version number) [Type of software]. Retrieved from http：//xxxxxxx"[22]。然而，中国国家标准《信息与文献　参考文献著录规则》（GB/T 7714—2015）中尚无明确的软件著录格式和示例。对于是否需要对研究中使用的所有科学软件都进行引用，目前学术界也没有共识。我们建议科研人员在研究成果中正式引用对研究重要的免费科学软件，因为免费软件开发者期待获得被引及学术声誉。而对于付费/商业科学软件，笔者认为科研人员可以选择在研究成果中正式引用，也可以选择只在研究成果中提及（应包括软件名称、版本号、存储地址等相关信息），一方面是因为这些软件的版权所有者更期待获得金钱回报，另一方面是因为有些出版物对文章长度有限制。

鉴于目前中国国家标准《信息与文献　参考文献著录规则》（GB/T 7714—2015）中尚无明确的软件著录格式和示例，且有相当一部分的我国科研人员因不清楚软件引用格式而未正式引用科学软件，中国国家标准化管理委员会应在《信息与文献　参考文献著录规则》（GB/T 7714—2015）中增加明确的软件著录格式及示例。针对科研人员因缺乏软件引用意识、缺少软件引用氛围而不正式引用科学软件，我国高等教育机构应在学术规范相关课程中加大对规范引用科学软件的宣传教育，以培养科研人员的软件引用意识，进而推进软件引用规范化、促进软件共享和再利用。

7.6 本章小结

本章旨在更为准确地揭示我国科研人员的软件使用和引用实践现状、探究影响科研人员软件引用行为的因素，通过向我国多学科领域的科研人员发放调查问卷来对科研人员的科学软件选择、使用和引用行为及其未提及、未引用科学软件的原因进行调查，并将此次调查结果与国外相关调查结果进行比较分析，据此针对性地提出推进科学软件引用规范化，促进软件开发、共享和再利用的对策建议。

参考文献

[1] Howison J, Deelman E, Mclennan M J, et al. Understanding the scientific software ecosystem and its impact: Current and future measures [J]. Research Evaluation, 2015, 24 (4): 454-470.

[2] Hettrick, S. It's Impossible to Conduct Research without Software, Say 7 out of 10 UK Researchers [EB/OL]. 2014. [2024-2-25]. https://software.ac.uk/blog/2014-12-04-its-impossible-conduct-research-without-software-say-7-out-10-uk-researchers.

[3] Pan X, Yan E, Wang Q, et al. Assessing the impact of software on science: A bootstrapped learning of software entities in full-text papers [J]. Journal of Informetrics, 2015, 9 (4): 860-871.

[4] 崔明, 潘雪莲, 华薇娜. 我国图书情报领域的软件使用和引用研究 [J]. 中国图书馆学报, 2018, 44 (3): 66-78.

[5] National Science Foundation. GPG summary of changes [EB/OL]. 2009. [2023-09-07]. https://www.nsf.gov/pubs/policydocs/pappguide/nsf09_29/gpg_sigchanges.jsp.

[6] Research Excellence Framework. Submitting Research Outputs [EB/OL]. 2009. [2023-09-07]. https://www.ref.ac.uk/guidance-and-criteria-on-submissions/guidance/submitting-research-outputs/.

[7] Howison J, Bullard J. Software in the scientific literature: Problems with seeing, finding, and using software mentioned in the biology literature [J]. Journal of the Association for Information Science and Technology, 2016, 67 (9): 2137-2155.

[8] Pan X, Yan E, Hua W. Disciplinary differences of software use and impact in scientific literature [J]. Scientometrics, 2016, 109 (3): 1593-1610.

[9] Yang B, Rousseau R, Wang X, et al. How important is scientific software in bioinformatics research? A comparative study between international and Chinese research communities [J]. Journal of the Association for Information Science and Technology, 2018, 69 (9): 1122-1133.

[10] Soito L, Hwang L J. Citations for software: Providing identification, access and recognition for

research software [J]. International Journal of Digital Curation, 2017, 11 (2): 48-63.

[11] Hannay J E, MacLeod C, Singer J, et al. How do scientists develop and use scientific software [C] //Proceedings of the 2009 ICSE Workshop on Software Engineering for Computational Science and Engineering. New York: ACM, 2009: 1-8.

[12] Howison J, Herbsleb J D. Incentives and integration in scientific software production [C] // Proceedings of the 2013 Conference on Computer Supported Cooperative Work. San Antonio: ACM, 2013: 459-470.

[13] Hucka M, Graham M J. Software search is not a science, even among scientists: A survey of how scientists and engineers find software [J]. Journal of Systems and Software, 2018, 141: 171-191.

[14] Nangia U, Katz D S. Track 1 paper: Surveying the US National Postdoctoral Association regarding software use and training in research [C] //Workshop on Sustainable Software for Science: Practice and Experiences, 2017: 1-6.

[15] Pan X, Yan E, Cui M, et al. How important is software to library and information science research? A content analysis of full-text publications [J]. Journal of Informetrics, 2019, 13 (1): 397-406.

[16] Trainer E H, Chaihirunkarn C, Kalyanasundaram A, et al. From personal tool to community resource: What's the extra work and who will do it? [C] //Proceedings of the 18th ACM Conferenceon Computer Supported Cooperative Work & Social Computing, Vancouver: ACM, 2015: 417-430.

[17] Piwowar H. Value all research products [J]. Nature, 2013, 493 (7431): 159-159.

[18] 杨波,王雪,佘曾溧. 生物信息学文献中的科学软件利用行为研究 [J]. 情报学报, 2016, 35 (11): 1140-1147.

[19] Hafer L, Kirkpatrick A E. Assessing open source software as a scholarly contribution [J]. Communications of the ACM, 2009, 52 (12): 126-129.

[20] Pan X, Cui M, Yu X, et al. How is CiteSpace used and cited in the literature? An analysis of the articles published in English and Chinese core journals [C] //Proceedings of the 16th International Conference on Scientometrics and Informetrics. Wuhan: ISSI. 2017.

[21] Smith A M, Katz D S, Niemeyer K E. Software citation principles [J]. PeerJ Computer Science, 2016, 2: e86.

[22] American Psychological Association. Publication manual of the American Psychological Association (6th ed) [M]. Washington D. C.: American Psychological Association, 2010.

第8章 中国科研人员的科学软件开发贡献研究

8.1 研究问题

随着科学数据价值认可度的日益提高以及科学研究复杂性的日渐增加，一些学者开始关注被广泛用于科学数据处理和复杂科学研究问题解决的科学软件。已有一些学者调查了科学软件对科学研究的重要性。例如，Hannay等[1]对主体为欧美科学家的调查表明，有91%的被访者认为使用软件对自己的研究工作重要或非常重要。Hettrick[2]对英国高校科研人员的调查显示，有69%的被调查者表示如果没有科学软件自己的研究工作将无法进行。Nangia和Katz[3]对美国博士后的调查显示，66%的受调查者表示如果没有科学软件他们的研究工作将无法进行。潘雪莲等[4]对中国科研人员的调查显示，86.6%的受访者表示科学软件对自己的研究工作重要或非常重要。近年来，一些学者开始呼吁重视科学软件的价值、承认科学软件开发者的贡献[5-6]，一些欧美资助评估机构也开始将软件认定为体现科学家价值的研究成果[7-8]。然而，目前我国大部分科研管理部门尚未将软件认定为有效研究成果。同时值得注意的是，2018年的一项研究显示，我国图书情报学领域研究中常用的118种软件中，81%的软件产自国外[9]。

虽然科学家的目标是研究科学而不是开发软件，但是由于缺乏专门的软件工具，许多科学家除了学习开发技能和创建自己的软件之外别无选择[10]。已有一些研究人员就科研人员如何开发科学软件相关议题展开调查。2008年的一项对40个国家2000多名科学家的调查显示，有84.3%的被调查者认为开发科学软件对自己的研究重要或非常重要，且被调查者平均花费30%的工作时间在软件开发上[1]。2011年的一项对普林斯顿大学20个学科114名科研人员的调查显示，被访者平均有35%的研究时间花费在编程或开发软件上[11]。2014年的一项对英国罗素大学教育集团成员院校417名科研人员的调查显示，56%的被调查者开发过自己的软件[2]。2018年的一项对1572名R软件包开发者的调查显示，R软件包开发者中50%的人为学术研究人员，8%的人为政府科学家[12]。该调查还发现，被访者平均每周花费30%的工作时间在软件开发上，且有82%的被访者认为与10年前相比，他们在软件开发上花费了更多时间[12]。目前这些调查主要以欧美国家的科研人员为调查对象，较少关注中国科研人员的软件开发行为。与此同时，我国被众多国外软件卡住了脖子——以 MATLAB、Adobe、EDA 以及 IDAPro 软件限供事件为代表的软件制裁动作层出不穷，这给我国的科技研发和经济发展带来了巨大的负面影响。在此背景下，探究我国科研人员参与软件开发现状以及我国对世界软件研发的贡献情况，对于加深对中外软件研发差距的了解、改善被国外软件"卡脖子"现状有重要意义。本章研究的具体研究问题如下：

（1）我国科研人员参与科学软件开发情况如何？

（2）我国对世界科学软件产出的贡献情况如何？

对上述研究问题的回答有助于我们更为深刻地认识我国软件研发竞争力以及被国外软件"卡脖子"的风险，可以为我国加大软件研发投入提供决策依据，也可以为我国科研管理部门将科学软件纳入科研评价体系提供决策支撑。

8.2 数据与方法

本章研究主要运用问卷调查法和统计学方法对我国科研人员的软件开发行为以及世界科学软件研发中的中国贡献进行调查与分析。为回答第一个研究问题，本章研究参照前人相关研究[1-3,12]设计初始问卷。在完成初始问卷编制后，研究先选取10名在读博士、高校教师、科研院所研究人员进行预调查。然后根据预调查收集的反馈意见对问卷进行修改和完善，进而形成正式调查问卷。然后，通过问卷星网站发布电子问卷，并于2022年2月初开始向目标发放调查问卷进行前测。对前期收集的60份有效问卷数据进行信度分析发现，问卷整体克隆巴赫系数为0.863，这说明问卷的内部一致性良好。我们于2022年2月~3月一共向国内科研人员发送了约50 000封问卷填写邀请邮件，共收到456份调查问卷，回收率约为0.9%。本次调查的问卷回收率偏低可能与我们选择调查对象的方式有关。我们向 Web of Science 数据库收录论文的中国通讯作者发送邮件邀请他们填写问卷，这些通讯作者通常是高年资研究人员，他们往往事务繁忙而倾向于忽略问卷填写邀请。正如 Gizmodo[13]所说，如果被调查人群目标不明确、联系信息不可靠，或者被调查者回应动机较少，那么回复率可能会降至2%以下。虽然本次调查的回复率较低，但和 Hannay 等[1]与 Nangia 和 Katz[3]的问卷回复率类似，因此我们认为本次调查的回收率是可接受的。考虑到在读硕士尚未获得足够多的科研训练，将回收样本中学术身份为在读硕士的28份问卷剔除，最终获得428份有效问卷。在所有有效问卷中，79.67%为男性，20.33%为女性，男性样本数量占比远高于女性。在年龄方面，31~40岁的样本最多，占比达44.39%，其次是41~50岁的样本，占比20.56%，18~30岁的科研人员占比20.09%。在学历方面，82.48%的受访者已获得的最高学位为博士学位，13.32%的受访者已获得的最高学位为硕士学位，4.20%的受访者已获得的最高学位为学士学位。从主要学术身份看，作答最多的是教授/研究（馆）员，占比达31.31%，其次是副教授/副研究（馆）员28.5%。从研究领域看，工学类的作答者最多，占比达51.4%，其次是理学类34.35%。

本次问卷由如下三个部分组成：第一部分为问卷导语及填写说明，该部分说明调查数据用途、填写问卷所需时间以及科学软件的定义；第二部分为收集受访者基本信息的题项，该部分包括受访者性别、年龄、最高学历、科研时长、学术身份和研究领域六个问题；第三部分为收集科研人员软件开发行为以及科学软件对研究工作重要性信息的题项，该部分共包含10个问题。本次问卷共有16个题项，分别编码为E1~E16，如表8-1所示。

表8-1 问卷题项

问卷题项类别	问卷题项
被调查者基本信息	E1 您的性别
	E2 您的年龄
	E3 您已获得的最高学历
	E4 您从事科研工作年限
	E5 您目前的主要学术身份
	E6 您目前的主要研究领域
科学软件对科学研究的重要性	E7 您使用科学软件的频率是
	E8 科学软件对您科学研究的重要性如何
	E9 如果没有科学软件，您的科研工作将如何
科研人员的软件开发行为	E10 您是否参与过科学软件开发
	E11 您的科学软件开发团队规模多大
	E12 开发科学软件对您自己科学研究的重要性如何
	E13 开发科学软件对他人科学研究的重要性如何
	E14 开发科学软件占您工作时间的比例是
	E15 和过去相比，您用于开发科学软件的时间如何变化
	E16 不同软件开发知识来源对您开发软件的重要性如何

为回答第二个研究问题，本章研究以科睿唯安的数据引用索引（Data

Citation Index，DCI）作为主要数据来源，再辅以开放存储平台 Zenodo（https://www.zenodo.org/）展开多维度分析。DCI 收录了来自全球数百个高质量数据知识库的数百万条记录，收录的范围涵盖自然科学、社会科学和人文科学。该数据库可以帮助研究人员快速识别并获取相关的研究数据，还可以用来评估研究数据的影响力。本章研究之所以选择 DCI 作为主要数据来源，一方面是因为该数据库包含科睿唯安从全球 350 多个数据知识库中选择和验证的研究数据，其包含足够多的样本，另一方面是因为该数据库已被其他学者用来研究科研人员的数据和软件引用实践[14-15]。Zenodo 是在欧洲开放获取基础设施研究项目（OpenAIRE）计划下开发、并由欧洲核子研究中心（CERN）运营的通用开放存储库，是一个支持多学科、多种文件类型上传的数据仓库，且 Zenodo 平台对于数据发布日期（publication date）、数据标题（title）、数据简介（description）、数据类型（upload type）、数据作者（authors）、许可协议（license）等元数据有着必填的约束。因此，Zenodo 可以用来补充 DCI 数据库中所缺失的作者机构、国别等信息。从上述两个数据源获取科学软件数据的具体过程如下：①笔者使用检索式"DOCUMENTS TYPES=Software"进行检索，并将发布日期限定为 2023 年之前，一共获得 359 757 条记录；②通过 Zenodo 对上述获得的科学软件数据进行作者机构、基金等缺失信息的补充，最终获得 118 803 条包含完整作者机构信息的科学软件数据。最后，从上述科学软件数据中解析出软件实体并依据软件作者机构所属国别以及软件获得的资助情况进行相应的统计分析。

8.3 研究结果

8.3.1 科学软件对科学研究的重要性

在本次问卷调查的 428 位受访者中，仅有 8 人（1.87%）未使用过科学软件，55 人（12.85%）偶尔使用科学软件，365 人（85.28%）经常使用科学软件。在使用过科学软件的 420 位科研人员中，有 92.15% 的受访者表示科学软件对自己的科学研究重要或非常重要，6.19% 的人表示科学软件有点重要，仅有 1.67% 的人认为科学软件不重要或一点不重要。本次调查结果与 Hannay 等[1]的调查结果类似，他们对主体为欧美科研人员的调查发现 91.2% 的受访者认为使用科学软件对自己的研究工作重要或非常重要。

对于问题"如果没有科学软件，您的科研工作将如何"，420 位使用过科学软件的受访者中有 49.29% 表示如果没有科学软件他们的研究工作将完全无法进行，46.43%的人表示没有科学软件会导致他们需要更多的时间精力才可能完成相应的科研工作，4.28%的人认为没有科学软件不会对他们的科研工作产生显著影响。由此可见，科学软件在我国科研人员的研究工作中发挥着重要作用。Hettrick[2]对英国罗素大学集团15所成员院校科研人员的调查显示，69%的受访者表示如果没有科学软件他们的研究工作将无法进行。在Nangia和Katz[3]对美国博士后的调查中，这一比例为66%。本次调查发现表示没有科学软件无法进行研究的科研人员比例为49.29%，低于Hettrick[2]以及Nangia和Katz[3]的调查结果。这说明国外科研人员对科学软件的依赖程度高于国内。

8.3.2 科研人员的科学软件开发行为

在428位受访中国科研人员中，只有16.82%的人参与过科学软件开发。这一比例远低于2014年Hettrick[2]对英国科研人员的调查结果——56%的被调查者开发过他们自己的科学软件。中国科研人员较少参与科学软件的开发，可能与目前中国主流的科研评价系统尚未将科学软件认定为有效的科研成果，科研人员缺少动力参与科学软件开发有关。使用SPSS 20.0对性别和是否参与过科学软件开发进行交叉制表分析发现，男性科研人员参与科学软件开发的比例为19.65%，女性科研人员参与科学软件开发的比例为5.75%。卡方检验结果显示，男性参与科学软件开发的比例显著高于女性，这一结果与Hettrick[2]的调查结果类似——70%的男性和30%的女性科研人员开发过自己的科学软件。本次调查结果还显示，科研人员大多以个人或小规模团队模式进行科学软件开发：15.28%的被调查者独自开发科学软件；50%的被调查者在2~5人的团队中开发科学软件；12.5%的被调查者在6~10人的团队中开发科学软件；22.22%的被调查者在10人以上的团队中开发科学软件。

对于"开发科学软件对您自己科学研究的重要性如何"这一问题的调查结果如表8-2所示。在72位参与过科学软件开发的科研人员中，有86.11%的人认为开发科学软件对他们自己的研究工作重要或非常重要，13.89%的人认为开发科学软件对自己的研究工作有点重要，没有受访者认为开发科学软件对自己的研究工作不重要。这一调查结果与Hannay等[1]和Pinto等[12]的调查结果相似——他们的调查发现分别发现有86%和84%的科研人员认为开发科学软件对自己的研究重要或非常重要。由此可见，大部分参与过科学软件开发的科研人员都认为开发科学软件对自己的研究重要。在开发科学软件对他人科研工作的重要性方面，有90.28%的参与过科学软件开发的科研人员认为开发软件对他人的研究工作重要或非常重要，远高于Hannay等[1]和Pinto等[12]的调查数据（46.4%和63%）。

表 8-2 开发科学软件对科研工作的重要性

重要程度		一点都不重要	不重要	有点重要	重要	非常重要
对自己	计数（人）	0	0	10	17	45
	占比（%）	0.00	0.00	13.89	23.61	62.50
对他人	计数（人）	0	1	6	27	38
	占比（%）	0.00	1.39	8.33	37.50	52.78

图 8-1 显示了 72 位参与科学软件开发的科研人员平均花费的开发时间调查结果。由图 8-1 可知，分别有 29.17%、19.44%、12.50% 和 15.28% 的参与过科学软件开发的科研人员每周花费 10%、20%、30% 和 40% 的工作时间在软件开发上。从总体平均来看，被调查者每周花费 27.78% 的工作时间在科学软件开发上。本次调查结果与 Pinto 等[12]的调查结果相似——他们的受访者平均花费 30% 的工作时间开发科学软件。这说明参与科学软件开发的国内外科研人员都在其中投入了相当多的时间，这些开发者的时间精力的投入在当前由出版物驱动的科研奖励系统中似乎并没有获得相应的回报[9]。

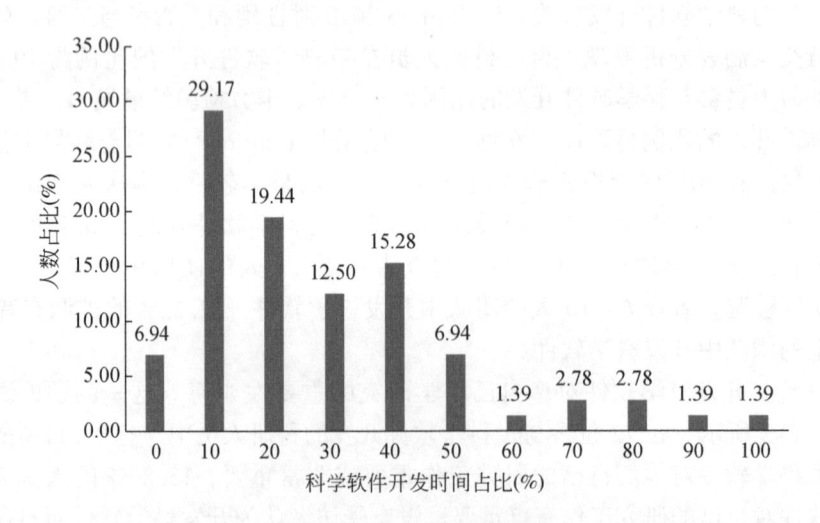

图 8-1 科研人员用于开发科学软件的时间占比

图 8-2 展示了科研人员用于开发科学软件的时间与过去相比的变化情况。由图 8-2 可知，有 50% 的被调查者表示他们花费在科学软件开发上的时间比过去少，19.44% 的被调查者表示花费的时间跟过去相当，还有 30.56% 的被调查者表示他们花费的时间比过去多。换言之，近 70% 的中国科研人员没有增长甚至减少了投入科学软件开发的时间。本次调查结果与 Hannay 等[1]和 Pinto 等[12]的调

查结果有较大差异，他们的调查分别发现 53.5% 和 82% 的科研人员认为自己用于开发软件的时间较之十年前有所增长。这可能是因为中国科研人员的软件开发贡献没有获得足够的肯定，也可能是因为中国科研人员较为缺乏软件开发训练和支持。

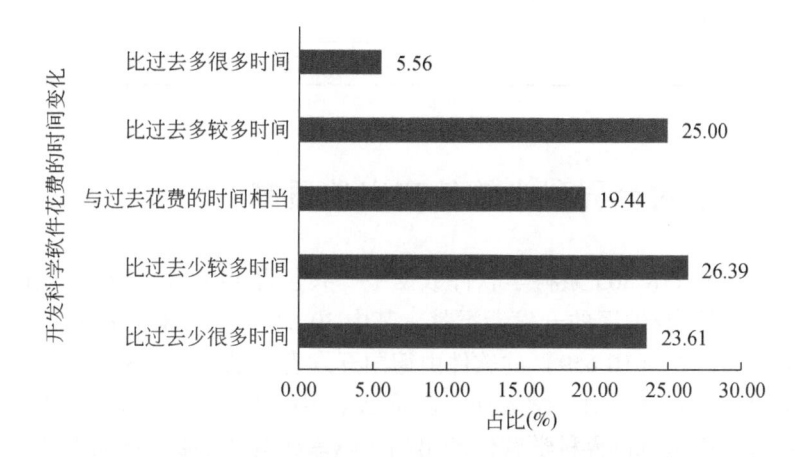

图 8-2　开发科学软件花费的相对时间变化

对于"不同软件开发知识来源对您开发软件的重要性如何"这一问题的调查结果如表 8-3 所示。我们将科学软件开发知识来源分为正式与非正式两大类，正式来源又细分为在教育机构获得（如通过参加系统的教育课程）和在工作中获得（如通过参加培训课程），非正式来源细分为自学和从同行那里学习（如在学校、大学和工作中的同学或同行）。从表 8-3 可知，86.12% 的被调查者认为自学对于他们获取软件开发知识是重要或非常重要的，还分别有 62.50% 和 58.33% 的科研人员认为从同行处获得和在工作培训中获得是重要或非常重要的，而只有 36.11% 的人认为在教育机构获得软件开发知识是重要或非常重要的。由此可见，自学是科研人员获得软件开发知识最主要的途径，这与 Hannay 等[1]和 Pinto 等[12]的调查结果一致。而教育机构开设的编程与软件开发课程似乎并没有在中国科研人员的科学软件开发中发挥重要作用。

表 8-3　不同的科学软件开发知识来源对科研人员的重要性

重要性程度		一点都不重要	不重要	有点重要	重要	非常重要
自学	计数（人）	0	1	9	31	31
	占比（%）	0.00	1.39	12.50	43.06	43.06
从同行处获得	计数（人）	0	2	25	28	17
	占比（%）	0.00	2.78	34.72	38.89	23.61

续表

重要性程度		一点都不重要	不重要	有点重要	重要	非常重要
在教育机构获得	计数（人）	10	16	20	19	7
	占比（%）	13.89	22.22	27.78	26.39	9.72
在工作培训中获得	计数（人）	4	11	15	23	19
	占比（%）	5.56	15.28	20.83	31.94	26.39

8.3.3 中国对世界科学软件产出的贡献

DCI 收录的 118 803 条科学软件数据中一共包含 140 165 个科学软件，这些软件由 105 个国家/地区的开发者贡献，其中 30.9%（43 286）的软件由美国开发者贡献，11.9%（16 659）的软件由德国开发者贡献，11.6%（16 313）的软件由英国开发者贡献。对科学软件产出贡献最多的 10 个国家如图 8-3 所示。由图 8-3 可知，中国对世界科学软件产出的贡献率仅为 2.7%，排名第 8 位，与排名前三的美国、德国和英国仍存在很大差距。此外，值得注意的是，截至 2018 年中国对世界科学软件的贡献率仅有 0.7%，排名第 20 位，此后其累积软件产出贡献排名呈逐年上升趋势，从 2019 年的第 14 位，上升至 2020 年的第 12 位，再上升至 2021 年的第 10 位。

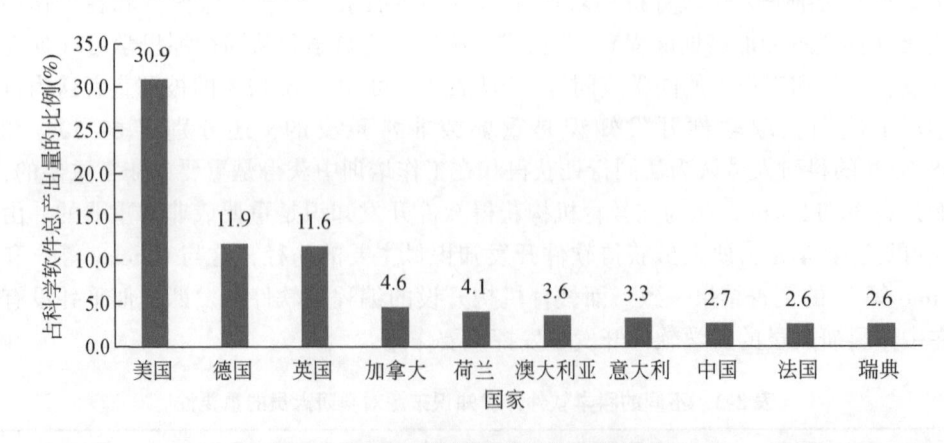

图 8-3 各国对世界科学软件产出的贡献

表 8-4 显示了近五年对世界科学软件产出贡献排名前 20 的国家。由表 8-4 可知，2018~2022 年来美国、英国、德国对世界科学软件产出贡献始终位列前三，其中美国对世界科学软件产出的贡献率均超过 30%，稳居世界第一并遥遥领先

于其他国家。值得注意的是，中国对世界科学软件产出贡献的排名呈逐年上升趋势，已从 2018 年的第 20 位上升至 2022 年的第 8 位。虽然目前中国的贡献排名已有了显著的进步，但从贡献数量上来看，中国的科学软件贡献数量仅占美国的 8.67%，仍有很大的进步空间。此外，在排名前 20 的国家中，除中国、巴西和印度之外都是发达国家。由此可见，发展中国家应积极采取措施提高科学软件的产出数量。

表 8-4　近五年来各国世界科学软件产出量贡献排名情况

排名	2018 年 国家	占比（%）	2019 年 国家	占比（%）	2020 年 国家	占比（%）	2021 年 国家	占比（%）	2022 年 国家	占比（%）
1	美国	31.20	美国	31.00	美国	31.60	美国	31.40	美国	30.90
2	英国	12.00	英国	11.20	英国	11.70	英国	11.80	德国	11.90
3	德国	9.90	德国	10.80	德国	11.20	德国	11.60	英国	11.60
4	意大利	8.90	意大利	5.40	加拿大	4.80	加拿大	4.60	加拿大	4.60
5	加拿大	4.50	加拿大	5.00	荷兰	4.30	荷兰	4.30	荷兰	4.10
6	法国	3.60	法国	4.20	意大利	3.80	澳大利亚	3.50	澳大利亚	3.60
7	瑞士	3.00	荷兰	3.70	澳大利亚	3.40	意大利	3.30	意大利	3.30
8	荷兰	2.90	澳大利亚	3.00	法国	3.20	法国	2.70	**中国**	**2.70**
9	西班牙	2.80	瑞士	2.90	瑞士	2.30	瑞典	2.70	法国	2.60
10	比利时	2.40	西班牙	2.70	西班牙	2.30	**中国**	**2.30**	瑞典	2.60
11	澳大利亚	2.40	比利时	2.10	瑞典	2.10	西班牙	2.20	西班牙	2.30
12	希腊	1.80	瑞典	1.60	**中国**	**1.80**	瑞士	2.00	瑞士	2.10
13	挪威	1.30	挪威	1.30	比利时	1.70	比利时	1.40	巴西	1.40
14	巴西	1.30	**中国**	**1.20**	挪威	1.40	巴西	1.40	挪威	1.30
15	瑞典	1.10	巴西	1.10	巴西	1.30	挪威	1.30	比利时	1.30
16	奥地利	0.90	希腊	1.10	奥地利	1.10	奥地利	1.20	日本	1.20
17	芬兰	0.90	奥地利	1.00	日本	1.00	日本	1.00	丹麦	1.20
18	印度	0.80	芬兰	0.90	芬兰	0.90	丹麦	1.00	奥地利	1.20
19	丹麦	0.80	丹麦	0.90	丹麦	0.90	芬兰	1.00	芬兰	1.00
20	**中国**	**0.70**	日本	0.80	新西兰	0.90	新西兰	0.90	波兰	0.90

中国对世界科学软件产出贡献的逐年变化情况如图 8-4 所示。从图 8-4 可以看出，我国的科学软件产出量总体上呈上升趋势，已从 2013 年的 1 个软件上升

到 2022 年的 1546 个软件。此外，我国对世界科学软件产出的贡献总体上也呈上升趋势，已从 2016 年的 0.6% 上升到 2022 年的 3.6%。

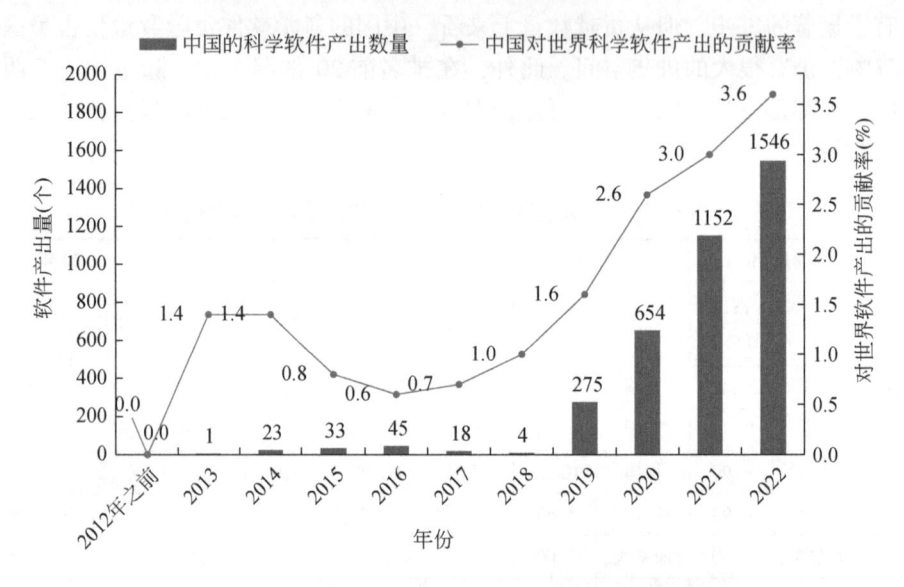

图 8-4 中国对世界科学软件产出贡献的逐年变化情况

对研究样本获得的资助情况进行统计发现，140 165 个科学软件中有 7420 个软件获得资助，占比 5.29%。而中国产出的 3751 个科学软件中仅有 12 个获得资助，获资助软件占比为 0.32%，这一比例远低于世界科学软件平均受资助率 5.29%。由此可见，中国的科学软件研发较少获得资助，这可能是中国对世界科学软件的贡献较低的原因之一。在 7420 个获资助软件中，有 72.23% 的软件获欧盟委员会资助，还分别有 9.16%、5.96% 和 5.62% 的软件获英国、美国和瑞士资助机构的资助，而仅有 0.16% 的软件获中国资助机构的资助。可见，中国资助机构极少对科学软件研发进行资助。

8.4 讨论与结论

软件在当今科学研究中发挥着越来越重要的作用，我国科研人员对国外软件依赖严重。与此同时，国外软件对华限供事件频繁发生。在此背景下，本章研究运用问卷调查法对我国科研人员的软件开发行为进行调查并将之与国外同行进行比较分析，还使用统计学方法对科睿唯安的 DCI 数据库中收录的科学软件信息进行分析，以揭示我国科研人员参与科学软件开发的现状以及我国对世界科学软件产出的贡献情况，为我国科技管理部门将软件纳入科研评价体系以及科学资助机构调整软件研发投入提供决策依据。

本次调查结果显示，超过九成的中国科研人员认为科学软件对自己研究工作重要，该比例与对国外科研人员的调查结果类似。与此同时，本次调查还发现，不足两成的中国科研人员参与过软件开发且有五成的中国科研人员用于开发科学软件的时间比过去少。而前人的调查发现，近六成的英国科研人员开发过软件[2]，超过五成的欧美科研人员用于开发软件的时间较之十年前有所增长[1]。这可能与目前欧美的一些科研评估和资助机构已经将软件认定为有效研究成果[8]而我国大部分科研管理部门尚未将软件认定为有效研究成果有关。此外，中国科研人员认为非正式地自学软件开发知识比正式地从教育机构开设的相关课程获取开发知识更为重要，这可能在一定程度上说明我国的教育机构应进一步完善编程和软件开发相关课程设置，发挥其在培养科研人员软件研发能力上应有的作用。

研究结果还显示，我国对世界科学软件产出的贡献总体上呈上升趋势，但与贡献排名第一的美国仍有较大差距——美国的科学软件产出量是我国的11.5倍。相较于近年来我国国际论文和热点论文产出量跃升世界第一的表现[16-17]，我国在科学软件产出贡献方面仍有待加强。此外，研究发现我国科学软件的受资助率远低于世界平均水平，这可能是造成我国科学软件产出较少的原因之一。

本章研究也存在一定的局限性，如仅使用科睿唯安的DCI作为主要数据源来探究我国对世界科学软件产出的贡献情况，由于DCI数据库收录范围有限，研究结果仍需进一步验证。此外，对我国科研人员科学软件开发行为的调查样本量偏小，且40岁以上样本比例较低，调查结果仍需包含更多年长样本的调查验证。最后，我们没有对通过正式和非正式两种不同途径获取软件开发知识的科研人员所开发的科学软件的质量如可用性、可靠性、可维护性等进行调查与比较分析，未来将对此相关问题进行研究，研究发现可以为后续科学软件开发教育与培训管理决策提供有效参考。

总之，本章研究基于多源数据揭示了我国科研人员较少参与科学软件开发、我国对世界科学软件产出贡献较少、我国资助机构较少资助科学软件研发的现状。针对上述现状，我国有必要通过充分肯定科研人员开发软件的价值、将软件认定为有效研究成果以及加大科学软件研发投入等措施来改变被众多国外软件"卡脖子"的现状。

8.5　本章小结

本章旨在定量揭示我国科研人员参与科学软件开发的现状及其对世界科学软件产出的贡献情况，运用问卷调查法对我国科研人员的软件开发行为进行调查并将之与国外同行进行比较分析，还使用统计学方法对科睿唯安的 DCI 数据库中收录的科学软件信息进行分析，并将此次调查结果与针对欧美科研人员的调查结果进行比较分析，据此提出一些针对性建议。

参 考 文 献

[1] Hannay J, MacLeod C, Singer J, et al. How do scientists develop and use scientific software? [C]//Proceedings of the 2009 ICSE Workshop on Software Engineering for Computational Science and Engineering. Vancouver：IEEE, 2009：1-8.

[2] Hettrick S. It's Impossible to Conduct Research without Software, Say 7 out of 10 UK Researchers [EB/OL]. 2014. [2023-08-31]. https://software.ac.uk/blog/2014-12-04-its-impossible-conduct-research-without-software-say-7-out-10-uk-researchers.

[3] Nangia U, Katz D S. Track 1 Paper：Surveying the U. S. national postdoctoral association regarding software use and training in research [C]//Proceedings of the Workshop on Sustainable Software for Science：Practice and Experiences (WSSSPE 5.1). Manchester：Figshare, 2017.

[4] 潘雪莲, 孙梦佳, 于晓彤, 等. 中国科研人员的科学软件使用和引用行为研究[J]. 现代情报, 2021, 41 (8)：76-86.

[5] Piwowar H. Value all research products [J]. Nature (London), 2013, 493 (7431)：159-159.

[6] Howison J, Deelman E, McLennan M J, et al. Understanding the scientific software ecosystem and its impact：Current and future measures [J]. Research Evaluation, 2015, 24 (4)：454-470.

[7] NSF. GPG Summary of Changes [EB/OL]. [2023-08-31]. https://www.nsf.gov/pubs/policydocs/pappguide/nsf13001/gpg_sigchanges.jsp.

[8] Research Excellence Framework. Submitting research outputs [EB/OL]. [2023-09-07]. http://www.ref.ac.uk/about/guidance/submittingresearchoutputs/.

[9] 崔明, 潘雪莲, 华薇娜. 我国图书情报领域的软件使用和引用研究[J]. 中国图书馆学报, 2018, 44 (3)：66-78.

[10] Wiese I, Polato I, Pinto G. Naming the pain in developing scientific software [J]. IEEE Software, 2019, 37 (4)：75-82.

[11] Prabhu P, Jablin T, Raman A, et al. A survey of the practice of computational science [C]//Proceedings of the 2011 International Conference for High Performance Computing, Networking, Storage and Analysis. New York：Association for Computing Machinery, 2011：1-12.

[12] Pinto G, Wiese I, Dias L F. How do scientists develop scientific software？ An external replication [C]//Proceedings of the 2018 IEEE 25th International Conference on Software Analysis, Evolution and Reengineering (SANER). Campobasso：IEEE, 2018：582-591.

[13] Gizmodo. Survey Response Rates [EB/OL]. [2023-08-31]. https://www.surveygizmo.com/survey-blog/survey-response-rates.

[14] Park H, Wolfram D. Research software citation in the data citation index: Current practices and implications for research software sharing and reuse [J]. Journal of Informetrics, 2019, 13 (2): 574-582.

[15] Robinson-García N, Jiménez-Contreras E, Torres-Salinas D. Analyzing data citation practices using the data citation index [J]. Journal of the Association for Information Science and Technology, 2016, 67 (12): 2964-2975.

[16] 郭铁成. 中国科技产出分析和科技创新形势研判 (2020-2022) [J]. 国家治理, 2023, (3): 70-75.

[17] 温竞华. 我国热点论文数量首次升至世界第一 [EB/OL]. 2022. [2023-08-31]. http://www.news.cn/2022-12/29/c_1129241836.htm.

附　　表

附表1　2007~2016年《情报学报》和《中国图书馆学报》论文中高频使用的软件

序号	软件名称	期刊论文数 《情报学报》	期刊论文数 《中国图书馆学报》	合计	软件主要用途
1	SPSS	112	31	143	数据处理、统计分析
2	Ucinet	55	10	65	社会网络分析与可视化
3	Excel	30	14	44	数据处理与分析、制作图表
4	Netdraw	37	4	41	社会网络分析与可视化
5	CiteSpace	29	8	37	引文网络分析与可视化、文献计量
6	MATLAB	28	2	30	数据分析、数值运算、仿真实验
7	Protégé	13	5	18	本体构建、本体编辑
8	ICTCLAS	17	0	17	中文分词、词性标注、新词识别
9	AMOS	13	2	15	结构方程模型分析
10	Pajek	11	3	14	社会网络分析与可视化
11	LISREL	10	3	13	结构方程模型分析
12	Bibexcel	10	0	10	文献计量、引文分析、为可视化软件提供书目数据
13	TDA	7	1	8	文献计量、专利分析
14	MySQL	5	2	7	数据存储与管理
15	VOSViewer	4	3	7	引文网络分析与可视化、文献计量
16	Weka	6	1	7	数据挖掘
17	LibSVM	6	0	6	数据挖掘、SVM模式识别与回归
18	SQL Server	3	3	6	数据存储与管理
19	Access	3	2	5	数据存储与管理
20	Nvivo	5	0	5	质性分析、量化定性数据
21	HistCite	4	1	5	引文网络分析与可视化、文献计量
22	SmartPLS	4	0	4	结构方程模型分析

附表 2　2008~2017 年间国际图书情报学研究中常用的软件 *

序号	软件名称	使用频次	软件主要用途
1	SPSS	52	数据处理、统计分析
2	Excel	23	数据处理与分析、制作图表
3	Nvivo	13	质性分析、量化定性数据
4	ATLAS. ti	8	质性分析、量化定性数据
5	Ucinet	7	社会网络分析与可视化
6	SAS	5	统计分析
7	AMOS	4	结构方程模型分析
8	Dspace	4	实时仿真系统
9	LISREL	4	结构方程模型分析
10	NodeXL	4	交互式网络可视化和分析
11	R	4	数据处理、统计分析和制作图表
12	STATA	4	统计分析；计量经济模型构建
13	Access	3	数据存储与管理
14	SQL Server	3	数据存储与管理
15	Qualtrics	3	在线调查软件
16	Weka	3	数据挖掘
17	Bibexcel	2	文献计量、引文分析、为可视化软件提供书目数据
18	CiteSpace	2	引文网络分析与可视化、文献计量
19	EndNote	2	文献管理
20	LibSVM	2	数据挖掘、SVM 模式识别与回归
21	Netdraw	2	社会网络分析与可视化
22	Morae	2	行为分析
23	Pajek	2	社会网络分析与可视化
24	SmartPLS	2	结构方程模型分析
25	VOSviewer	2	引文网络分析与可视化、文献计量

注：对 *College & Research Libraries*、*Information Processing & Management*、*Information Research*、*Information Society*、*Journal of Academic Librarianship*、*Journal of Documentation*、*Journal of Information Science*、*Journal of the Association for Information Science & Technology*、*Library & Information Science Research*、*Library Quarterly*、*Library Trends*、*Online Information Review* 和 *Scientometrics* 这 13 种图情领域国际期刊 2008 年、2011 年、2014 年和 2017 年刊载的 572 篇研究性论文进行人工识别出的软件。

附表3　科学软件资源导航系统包含的主要模块内容

系统模块序号	系统模块内容	系统模块网址
1	科学软件资源导航系统首页	http://www.researchsoftwareresources.net/index.php/home
2	科学软件相关研究论文	http://www.researchsoftwareresources.net/index.php/paper/index/%E8%AF%BE%E9%A2%98%E7%BB%84
3	图情领域常用软件	http://www.researchsoftwareresources.net/index.php/library
4	科学软件存储库	http://www.researchsoftwareresources.net/index.php/repository
5	科学软件期刊名录	http://www.researchsoftwareresources.net/index.php/journal
6	科学软件的社团	http://www.researchsoftwareresources.net/index.php/organization
7	科学软件的使用与引用	http://www.researchsoftwareresources.net/index.php/usage

后 记

自 2014 年以来，笔者在科学软件的自动识别、使用、引用、扩散和影响力测度等方面展开研究，先后完成了一篇博士学位论文《软件实体的自动抽取和学术影响力研究》和一项国家自然科学基金青年项目"基于全文本数据的软件实体抽取与学术影响力研究"（编号：71704077），其中博士学位论文被评为 2017 年度南京大学优秀博士学位论文。在笔者与合作者的共同努力下，十年来发表了 10 余篇科学软件相关论文，还构建了一个科学软件资源导航系统（http://www.researchsoftwareresources.net/index.php/quote）。这些论文得到了一些领域专家的关注，其中 4 篇英文期刊论文在发表后的短短几年内在 Web of Science 核心合集中获得了 200 余次引用，论文 Examining the usage, citation, and diffusion patterns of bibliometric mapping software: A comparative study of three tools 更是成为 2023 年基本科学指标数据库（ESI）高被引论文。上述研究精华皆被纳入本书中。

国外对科学软件的价值、影响力测度以及可持续发展的研究和实践多样且仍在持续推进，而目前国内的相关研究较少，实践活动更是少之又少。与此同时，我国被国外软件卡住了脖子——以 MATLAB、Adobe、EDA 以及 IDAPro 软件限供事件为代表的软件制裁动作层出不穷，这给我国的科技研发和经济发展带来了巨大的负面影响。在此背景下，科学软件相关研究无论是对信息计量学、科技政策评估研究还是对我国将科学软件纳入科研评价体系、加大软件研发投入决策的制定与实施都具有重要参考意义，使得本专著的出版具有价值。

本书主要研究科学软件的智能识别以及软件使用、引用和扩散视角的科学软件影响力测度问题，取得了一些研究成果，但目前仍有一些有待解决的问题。例如，是否还有其他普适稳健的指标可以用来测度科学软件的影响力？如何系统全面评价科学软件的影响力？如何推进我国科学软件的可持续发展？如何进一步识别出与科学软件相关的研究方法、研究主题，进而构建科学软件知识图谱？待解决问题的存在也预示着科学软件发展的新机会。总之，科学软件既是一种研究工具，也是一种可计量的研究成果，它的复制和传播几乎无需成本，这给共享与合作创新带来了无限可能，同时也给科研评价与知识计量提供了一个新的维度，未来还有很多有趣的研究议题和重要的实践活动值得我们进一步探索和推进。

潘雪莲

2023 年冬